"十三五"高等职业教育计算机类专业规划教材

Linux 网络服务器配置与管理 项目教程

丛佩丽　卢晓丽　主编

陈荣征　副主编

U0310891

中国铁道出版社有限公司

CHINA RAILWAY PUBLISHING HOUSE CO., LTD.

内 容 简 介

本书紧跟行业技术发展，以"网络服务与管理"为主线展开内容，采用"项目导向，教学做一体化"方式编写而成。本书共有 14 个项目，每个项目均来自实际工作岗位，学生按照正文步骤可以实现所有项目。通过项目，使学生在做中学，在学中做，实现教学做合一。本书内容贴近实际，按照学生职业能力成长的过程，教、学、做一体，并且在用户和组管理等部分项目中，采取了图形化配置和文本方式配置两种方法，图形化操作有助于提高学生的兴趣，降低学习 Linux 的难度，更好地培养学生的基本职业技能和实际操作能力，从而使其胜任网络服务器架设和管理等相关岗位工作。

本书适合作为高等职业院校计算机类专业的教材，也可作为全国职业技能大赛和网络培训班的培训教材，还可供网络管理员和系统集成人员以及所有准备从事网络管理的网络爱好者参考使用。

图书在版编目（CIP）数据

Linux 网络服务器配置与管理项目教程 / 丛佩丽，卢晓丽主编. — 北京：中国铁道出版社，2016.1（2020.7 重印）
"十三五"高等职业教育计算机类专业规划教材
ISBN 978-7-113-21310-7

Ⅰ．①L… Ⅱ．①丛… ②卢… Ⅲ．①Linux 操作系统
—高等职业教育—教材 Ⅳ．①TP316.89

中国版本图书馆 CIP 数据核字(2016)第 003323 号

书　　名：Linux 网络服务器配置与管理项目教程
作　　者：丛佩丽　卢晓丽

策　　划：翟玉峰　　　　　　　　　　　　读者热线：(010) 83517321
责任编辑：翟玉峰　徐盼欣
封面设计：付　巍
封面制作：白　雪
责任校对：汤淑梅
责任印制：樊启鹏

出版发行：中国铁道出版社有限公司（100054，北京市西城区右安门西街 8 号）
网　　址：http://www.tdpress.com/51eds/
印　　刷：北京虎彩文化传播有限公司
版　　次：2016 年 1 月第 1 版　　　2020 年 7 月第 3 次印刷
开　　本：787 mm×1 092 mm　1/16　印张：16　字数：386 千
印　　数：3 501～4 000 册
书　　号：ISBN 978-7-113-21310-7
定　　价：34.00 元

Linux 网络操作系统具有开放和自由的特点,其安全性、稳定性和可靠性已经得到用户的肯定。近年来,Linux 在服务器操作系统领域占据主流的地位。本书以稳定的 Red Hat Enterprise Linux 6 为平台讲解 Linux 操作系统的应用与管理。

本书以某公司 Linux 服务器系统管理和网络服务为项目背景进行阐述,从网络管理员的视角进行 Linux 服务器的管理,项目设计深入浅出、循序渐进,按照安装 Linux 操作系统、资源管理、配置网络服务器和实现网络安全逐步递进的学习规律开展项目,适合初学者的学习进阶。

本书的特色如下:

(1)紧跟行业技术发展,以"网络服务与管理"为主线展开项目设计,依据全国职业技能大赛技能要求,根据课程内容特点采取项目导向教学模式,确立职业岗位工作过程中工作任务,将工作任务内容转化为学习领域课程内容,与企业合作,共同进行项目的开发和设计。

(2)采用"项目导向,教学做一体化"的编写方式,每个项目由项目描述、相关知识、项目实施、项目总结、项目实训和项目练习构成。每个项目中的任务来自实际工作岗位;项目描述中准确介绍了解决问题的思路和方法,培养学生未来在工作岗位上的终身学习能力;相关知识讲解简明扼要、深入浅出、理论联系实际;项目实施操作步骤具体,学生按照正文步骤可以实现所有任务。通过"项目驱动",使学生在做中学,在学中做,重点突出技能培养。

(3)教材内容贴近实际,按照学生职业能力成长的过程,教、学、做一体,并且在用户和组管理等项目中,采取了图形化配置和文本方式配置两种方法,图形化操作有助于提高学生的兴趣,降低学习 Linux 的难度,更好地培养学生的基本职业技能和实际操作能力,从而使其胜任网络服务器架设和管理等相关岗位工作。

本书适合作为高等职业院校计算机类专业的教材,也可作为全国职业技能大赛和网络培训班的培训教材,还可供网络管理员和系统集成人员以及所有准备从事网络管理的网络爱好者参考使用。

本书由辽宁机电职业技术学院丛佩丽、卢晓丽担任主编,广东职业技术学院陈荣征担任副主编。具体编写分工如下:丛佩丽编写项目 4、项目 5、项目 6、项目 7、项目 8、项目 9、项目 10、项目 11 和项目 12,卢晓丽编写项目 1、项目 2 和项目 3,陈荣征编写项目 13 和项目 14。

在本书编写过程中,赵景晖、赵晓玲、阎坤、王志红教授和刘娜、杨德志副教授对本书的内容安排提出了宝贵的意见,在此表示诚挚的谢意。

由于编者的水平所限,在本书的选材和内容安排上如有错误和不妥之处,恳请读者批评指正!作者的电子邮箱地址:congpeili@yeah.net。

编 者
2015 年 12 月

目录

项目 ①

→ 安装 Linux 操作系统

Linux 操作系统因为自由与开放的特性，加上强大的网络功能，已经成为当前发展迅速的网络操作系统，在 Internet 中承担着越来越重要的角色。

1.1 项目描述

某公司因业务需要，决定升级公司服务器。公司网络管理员为了保证公司对于服务器的稳定性和安全性要求，决定为服务器安装 Red Hat Enterprise Linux 6 操作系统。系统安装完成后，熟悉并使用 Red Hat Enterprise Linux 6 的用户界面。

1.2 相关知识

1.2.1 Linux 操作系统概述

Linux 操作系统是一个类似 UNIX 的操作系统，是 UNIX 在微机上的完整实现。Linux 操作系统的图形化界面如图 1-1 所示。

图 1-1 Linux 操作系统的图形化界面

Linux 操作系统的雏形是芬兰赫尔辛基大学学生 Linus Torvalds 开发的，Linus 为内核程序（kernel）定了主基调，由全世界很多程序员共同开发完成操作系统。这个操作系统可用于 586、686 或奔腾处理器的个人计算机上，并且具有 UNIX 操作系统的全部功能。Linux 是可免费获得的、为 PC 平台上的多个用户提供多任务、多进程功能的操作系统。

现在有许多 CD-ROM 供应商和软件公司（如 Red Hat 和 Turbo Linux）支持 Linux 操作系统。Linux 成为 UNIX 系统在个人计算机上的一个代用品。

1.2.2　Linux 的特点

Linux 操作系统的特点有很多，主要包括：

1. 免费、源代码开放

Linux 是免费的，获得 Linux 非常方便，而且节省费用。Linux 开放源代码，用户可以自行对系统进行改进，包括所有的核心程序、驱动程序、开发工具程序和应用程序。

2. 可靠的安全性

Linux 有很多安全措施，包括读、写权限控制，带保护的子系统，审计跟踪，核心授权等，这为网络多用户环境中的用户提供了必要的安全保障。

3. 支持多任务、多用户

Linux 是多任务、多用户的操作系统，支持多个用户同时使用系统的磁盘、外设、处理器等系统资源。Linux 操作系统的保护机制使得每个应用程序和用户互不干扰，一个任务崩溃，其他任务仍然可以照常运行。

4. 支持多种硬件平台

Linux 操作系统能在笔记本电脑、PC、工作站甚至大型机上运行，并能在 x86、MIPS、PowerPC、Alpha 等主流的体系结构上运行。

5. 全面支持网络协议

Linux 支持的网络协议包括 FTP、Telnet、NFS 等。同时支持 Apple talk 服务器、Netware 客户机及服务器、Lan Manager（SMB）客户及服务器。稳定的核心中目前包含的稳定网络协议有 TCP、IPv4、IPX、DDP 和 X.25。

6. 可移植性

Linux 支持许多为所有 UNIX 系统提出的标准。Linux 符合 UNIX 的世界标准，即可将 Linux 上完成的程序移植到 SUN 这类 UNIX 机器上运行。

7. 良好的用户界面

Linux 向用户提供了两种界面：图形化界面和命令行界面。

Linux 的传统用户界面是基于文本的命令行界面，即 shell，它既可以联机使用，也可以存储在文件上脱机使用。shell 有很强的程序设计能力，用户可方便地用它编制程序，从而为用户扩充系统功能提供了更高级的手段。可编程 shell 是指将多条命令组合在一起，形成一个 shell 程序，这个程序可以单独运行，也可以与其他程序同时运行。用户可以在编程时直接使用系统提供的系统调用命令。系统通过命令行界面为用户程序提供低级、高效率的服务。

Linux 还为用户提供了图形化界面——X Window 系统。它利用鼠标、菜单、窗口、滚动条等设施，给用户呈现一个直观、易操作、交互性强的、友好的图形化界面。

1.2.3　Linux 的版本

Linux 的版本分为内核版本和发行版本。

1．内核版本

内核版本提供了一个在裸设备与应用程序间的抽象层。例如，程序本身不需要了解用户的主板芯片集或磁盘控制器的细节就能在高层次上读写磁盘。

内核的开发和规范一直由 Linus 领导的开发小组控制着，版本也是唯一的。开发小组每隔一段时间公布新的版本或其修订版本，Linux 的功能越来越强大。Linux 内核的版本号是有一定规则的，版本号的格式通常为"主版本号.次版本号.修正号"。主版本号和次版本号标志着重要的功能变动，修正号表示较小的功能变更。以 2.6.12 版本为例，2 代表主版本号，6 代表次版本号，12 代表修正号。其中，次版本号还有特定的意义：如果是偶数数字，就表示该内核是一个可放心使用的稳定版；如果是奇数数字，则表示该内核加入了某些测试的新功能，是一个内部可以存放着 BUG 的测试版。例如，2.5.24 表示是一个测试版的内核，2.6.12 表示是一个稳定版的内核。

2．发行版本

仅有内核而没有应用软件的操作系统是无法使用的，所以许多公司或社团将内核、源代码及相关的应用程序组织构成一个完整的操作系统，让一般的用户可以简便地安装和使用 Linux，这就是所谓的发行版本（Distribution），一般谈论的 Linux 系统便是针对这些发行版本的。目前各种发行版本超过 300 种，它们的发行版本各不相同，使用的内核版本号也可能不一样，最流行的套件有 Red Hat（红帽子）、SuSE、Ubuntu、红旗 Linux 等。

（1）Red Hat Linux

Red Hat 是目前最成功的商业 Linux 套件发布商。它自 1999 年在美国纳斯达克上市以来，发展良好，目前已经成为 Linux 商界事实上的龙头。

一直以来，Red Hat Linux 就以安装简单、适合初级用户使用著称，目前它旗下的 Linux 包括两种版本，一种是个人版本的 Fedora（由 Red Hat 公司赞助，并且由社区维护和驱动，Red Hat 并不提供技术支持），另一种是商业版的 Red Hat Enterprise Linux。

（2）SuSE Linux Enterprise

SuSE 是欧洲最流行的 Linux 发行套件，它在软件国际上做出过不小的贡献。现在 SuSE 已经被 Novell 收购，发展也一路走好。不过，与红帽子相比，它并不太适合初级用户使用。

（3）Ubuntu

Ubuntu 是 Linux 发行版本中的后起之秀，它具备吸引个人用户的众多特性：简单易用的操作方式、漂亮的桌面、众多的硬件支持等，它已经成为 Linux 界一个耀眼的明星。

（4）红旗 Linux

红旗 Linux 是国内比较成熟的一款 Linux 发行套件，它的界面十分美观，操作起来也十分简单，类 Windows 的操作界面让用户使用起来更加亲切。

1.3 项 目 实 施

1.3.1 安装 RHEL 6 操作系统

Linux 的安装有光盘、硬盘驱动器、NFS 映像、FTP、HTTP 等多种方法，一般情况下可以使用光盘形式进行安装。

使用光盘形式安装 Linux 操作系统，需要按照以下步骤进行：

（1）设置光盘为第一启动盘。

（2）从光盘启动计算机。

（3）检查光盘介质。

（4）配置安装程序。

（5）进行安装。

（6）初始化 RHEL 6 系统。

（7）登录测试。

该管理员以安装光盘进行安装。首先要准备 Linux 操作系统的安装盘，采用光盘安装方式进行安装，最后进行登录测试。

1. 安装 RHEL 6 操作系统

（1）光盘启动。设置 BIOS 从光盘启动，然后将 RHEL 6 系统安装盘放入光驱，启动计算机，当计算机检测到光驱后，光驱开始读取光盘，屏幕出现安装选择界面，如图 1-2 所示。

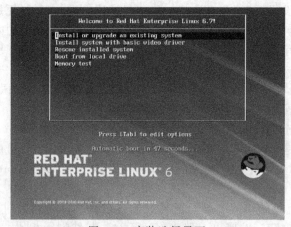

图 1-2 安装选择界面

在该界面中，引导菜单选项包括 5 个选择：

① Install or upgrade an existing system：安装或升级现有系统。

② Install system with basic video drive：使用基本视频驱动程序安装系统。

③ Rescue installed system：救援安装的系统。

④ Boot from local drive：使用本地驱动器引导。

⑤ Memory test：内存检测。

管理员要给公司员工安装图形化操作系统，所以直接按【Enter】键。

（2）检查光盘介质。开始安装后，系统一般要花费一段时间对计算机内配置的各种硬件进行检测，然后出现如图 1-3 所示的测试光盘介质界面。如果确定安装光盘没有问题，可以通过按【Tab】键或者【Alt+Tab】组合键，选择 Skip 按钮并按【Enter】键跳过光盘介质测试；如果进行测试，则需要的时间比较长。

（3）当光盘检测完成后，就进入欢迎界面，如图 1-4 所示。

欢迎界面不提示用户输入任何信息，主要是在正式安装前显示一些欢迎词和版权等说明性信息。

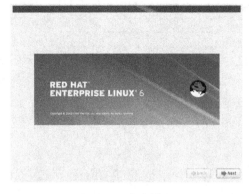

图 1-3　测试光盘介质界面　　　　　　　　图 1-4　欢迎界面

（4）单击"下一步"按钮，出现语言选择界面，如图 1-5 所示。

安装程序要求选择一种安装过程所使用的语言，管理员选择简体中文选项，随即就可以看到安装界面左侧窗格的在线帮助变成了简体中文显示，并且在接下来的安装过程中屏幕都会以中文字幕进行提示，安装程序也会根据用户指定的语言来定义恰当的时区。

（5）单击"下一步"按钮，出现键盘配置界面，如图 1-6 所示，选择美国英语式键盘。

图 1-5　语言选择界面　　　　　　　　　图 1-6　键盘配置界面

（6）单击"下一步"按钮，出现指定存储设备界面，如图 1-7 所示，管理员选择"基本存储设备"单选按钮。如果选择"指定的存储设备"单选按钮，则可以选择"基本设备""固件 RAID""多路径设备"和"其他 SAN 设备"等存储设备。

（7）单击"下一步"按钮，出现"存储设备警告"对话框，如图 1-8 所示。提示设备中可能包含数据，选择"是，忽略所有数据"选项。

（8）出现配置主机名和配置网络界面，如图 1-9 所示。在"主机名"文本框中输入名称 server，配置网络选项中可以配置有线和无线等网络接口的属性，管理员暂时不进行配置。

（9）单击"下一步"按钮，出现时区选择界面，如图 1-10 所示，进行时区配置。

（10）单击"下一步"按钮，出现设置根密码界面，如图 1-11 所示，设置超级用户的根密码，密码至少 6 个字符，好的密码组合了数字和大小写字母，不容易让人猜出，在第一次登录系统时使用。

（11）单击"下一步"按钮，出现选择安装类型界面，如图 1-12 所示。

项目 ①

安装 Linux 操作系统

图 1-7　指定存储设备界面

图 1-8　"存储设备警告"对话框

图 1-9　配置主机名和配置网络界面

图 1-10　时区选择界面

图 1-11　设置根密码界面

图 1-12　选择安装类型界面

共有 5 个单选按钮：

① 使用所有空间。选择这个单选按钮会删除存储设备中的所有分区，包括 Windows 或者其他操作系统的分区，所有存储在存储设备上的数据也将被删除。

② 替换现有 Linux 系统。选择这个单选按钮会删除存储设备中的 Linux 分区，其他类型的分区不会被删除。

③ 缩小现有系统。选择这个单选按钮会手动重新定义现有数据和分区的大小并在空出的空间上安装默认企业版 Linux。

④ 使用剩余空间。选择这个单选按钮会保留现有的数据和分区，在存储设备未使用的空间中安装默认企业版 Linux。

⑤ 创建自定义布局。选择这个单选按钮会允许用户手动对存储设备分区并创建自定义的布局。

管理员选择"创建自定义布局"单选按钮，手动对磁盘进行分区。

（12）单击"下一步"按钮，出现分区界面，如图 1-13 所示。

在该界面中，有很多按钮来进行分区操作，下面介绍这些按钮的作用。

① "创建"按钮。用来新建一个分区。单击后，就会出现一个对话框，可以从中设置相应的选项。

② "编辑"按钮。用来修改在"分区"列表框中选定分区的属性。单击"编辑"按钮会打开一个对话框，用户可以根据分区信息是否已被写入磁盘来设置相应的选项，还可以编辑图形化显示所表示的空闲分区，或创建一个新分区。

③ "删除"按钮。用来删除在"当前磁盘分区"列表框中突出显示的分区，用户会被要求对分区的删除进行确认。

图 1-13　分区界面

④ "重设"按钮。用来将 Disk Druid 恢复为默认选项。如果用户重设分区，以前所做的修改将会丢失。

在该界面，还有很多分区字段，在分区层次之上的信息是表示用户正创建的分区标签，这些标签的定义如下：

① "设备"按钮。该字段显示分区的设备名。

② "大小（MB）"按钮。该字段显示分区的大小。

③ "挂载点/RAID/Volume"按钮。该字段标明分区将被挂载的位置，挂载点是文件在目录层次内存在的位置，如果某个分区存在，但还没有设立，那么用户需要为其定义挂载点，双击分区图标或单击"编辑"按钮即可为其定义挂载点。

④ "类型"按钮。该字段显示正创建的分区的类型，如 ext2、ext3 或 vfat 等。

⑤ "格式"按钮。该字段显示正在创建的分区是否已被格式化。

本任务管理员采用的方案是：

安装 Linux 操作系统，一定要创建一个根分区和一个交换分区，否则程序无法安装，一般情况下，推荐用户创建下列分区：

① /boot 分区。/boot 分区包含操作系统的内核，以及其他在引导过程中使用的文件。对于大多数用户来说，200 MB 的引导分区是足够的，如图 1-14 所示。

在创建新分区时，有以下选项：

a. "挂载点"下拉列表框。在下拉列表框中输入或选择分区的挂载点，如果这个分区是根分区，选择"/"；如果是"boot"分区，选择"/boot"；如果是交换分区，则不用选择挂载点，只在"文件系

图 1-14　创建 boot 分区

统类型"下拉列表框中选择"swap"即可。

b. "文件系统类型"下拉列表框。在下拉列表框中选择用于该分区的合适的文件系统。常见的文件系统类型有 ext2、ext3、ext4、swap 或 vfat 等。ext2 文件系统支持标准的 UNIX 文件系统，Red Hat Linux 7.2 之前的版本默认使用 ext2 文件系统。ext3 和 ext4 文件系统是基于 ext2 文件系统的，它们的主要优点是登记功能，使用登记的文件系统将减少崩溃后恢复文件系统所花费的时间。在安装 Linux 时，ext4 文件系统会被默认选定，也推荐用户使用该文件系统。swap 是交换分区类型，如果系统内存不够，则将数据写在交换分区上。vfat 文件系统是一个 Linux 文件系统，它与 Windows 的 FAT 文件系统的长文件名兼容。

c. "大小"下拉列表框。设置该分区的磁盘空间。根据实际需求进行设置。

d. "强制为主分区"复选框。选择用户所创建的分区是否是硬盘上的 4 个主分区之一，如果没有选中该复选框，则创建的分区是一个逻辑分区。

② 交换（swap 分区）。交换分区用来支持虚拟内存。当没有足够的内存来存储系统正在处理的数据时，这些数据就被写入交换分区。交换分区的最小值相当于计算机内存的两倍。一般应该把交换分区设置大一些，这样在用户将来升级内存时特别有用。管理员在安装系统时创建的交换分区大小是 2048 MB，如图 1-15 所示。

③ 根分区。这是"/"根目录将被挂载的位置，即系统安装的位置，如果根分区大小为 1.7 GB，则可以容纳与个人桌面或工作站相当的安装内容；如果根分区大小为 5.0 GB，则允许用户安装所有软件包。管理员根据用户需要，使用全部可用空间创建了根分区，如图 1-16 所示。

图 1-15　创建 swap 分区

图 1-16　创建根分区

三个分区创建完成后，分区界面如图 1-17 所示。

（13）单击"下一步"按钮，出现"格式化警告"对话框，如图 1-18 所示，单击"格式化"按钮。

（14）单击"下一步"按钮，出现"将存储配置写入磁盘"对话框，如图 1-19 所示，单击"将修改写入磁盘"按钮。

（15）单击"下一步"按钮，出现引导装载程序配置界面，如图 1-20 所示，选择默认引导程序。

（16）单击"下一步"按钮，出现选择安装软件包界面，如图 1-21 所示，可以选择软件包，管理员根据用户的不同要求进行选择。选中"现在自定义"单选按钮，单击"下一步"按钮，出现选择服务器配置工具界面，推荐将"桌面"|"X 窗口系统"和"桌面"|"图形管理工具"选中，如图 1-22 所示，以便在进行服务器配置时使用图形化配置工具。

图 1-17　分区创建完成后界面

图 1-18　"格式化警告"对话框

图 1-19　"将存储配置写入磁盘"对话框

图 1-20　引导装载程序配置界面

图 1-21　选择安装软件包界面

图 1-22　选择服务器配置工具界面

（17）单击"下一步"按钮，开始安装软件，如图 1-23 所示。

2. 配置首次安装的操作系统

（1）完成安装后，计算机重新启动，进入安装好的 RHEL 6 操作系统。首次启动 RHEL 6，自动运行配置向导程序，需要管理员对系统进行初始化配置。首先出现欢迎界面，如图 1-24 所示。

（2）单击"前进"按钮，进入许可证信息界面，如图 1-25 所示。阅读许可证协议后，选择"是，我同意该许可证协议"单选按钮。

（3）单击"前进"按钮，进入设置软件更新界面，如图 1-26 所示。选择"不，以后再注册"单选按钮，不进行软件更新。

图 1-23　即将安装界面

图 1-24　欢迎界面

图 1-25　许可证信息界面

图 1-26　设置软件更新界面

（4）单击"前进"按钮，进入创建用户界面，如图 1-27 所示。创建一个普通用户，进行日常管理使用，避免使用 root 账号进行误操作对系统造成损害。

图 1-27　创建用户界面

（5）单击"前进"按钮，进入日期和时间设置界面，如图 1-28 所示。在"日期和时间"选项卡中，自行设定日期和时间。

图 1-28　日期和时间设置界面

（6）单击"前进"按钮，进入 Kdump 设置界面，如图 1-29 所示。Kdump 是一种内核崩溃转储机制。崩溃转储数据可以从一个新启动内核的上下文中获取，而不是从崩溃的内核上下文获取。可以采取默认的"不启用"设置。

图 1-29　Kdump 设置界面

（7）在完成安装后，在"用户名"文本框中输入"root"，并输入在安装系统时为 root 设置的密码，如图 1-30 和图 1-31 所示，即可登录到系统中，系统界面如图 1-1 所示。

图 1-30　输入用户名界面　　　　　　　　图 1-31　输入密码界面

1.3.2　使用 RHEL 6 用户界面

管理员已经完成了 RHEL 6 操作系统的安装，为了更好地提供服务及架设服务器，需要熟悉用户界面，主要熟悉 Linux 操作系统用户界面分类，认识 Linux 操作系统命令行界面，认识 Linux 操作系统图形化界面，实现命令行界面和图形化界面切换和系统注销、关机等操作。

1. Linux 操作系统用户界面分类

Linux 向用户提供了两种界面，即命令行界面（CLI）和图形化界面（GUI）。

（1）命令行界面

Linux 的传统用户界面是基于文本的命令行界面，即 shell，它类似于 DOS，又称虚拟控制台。

shell 是用户和 Linux 操作系统之间的接口，Linux 中有多种 shell，其中默认使用的是 bash。Linux 系统的 shell 作为操作系统的外壳，为用户提供使用操作系统的接口，它是命令语言、命令解释程序及程序设计语言的统称。shell 是用户和 Linux 内核之间的面向命令行的接口程序，如果把 Linux 内核想象成一个球体的中心，shell 就是围绕内核的外层。当从 shell 或其他程序向 Linux 传递命令时，内核会做出相应的反应。

用户可以通过单击"应用程序"|"附件"|"终端"的方式或者直接右击并在弹出的快捷菜单中选择"新建终端"的方式成功登录 Linux 系统的虚拟控制台，系统将执行一个 shell 程序，如图 1-32 所示。

图 1-32　shell 登录界面

从图 1-32 中可以看到 shell 提示符，对普通用户提示符是"$"，对超级用户，又称根用户（root）提示符是"#"。其中，root 是登录系统的用户名，~ 表示当前登录用户所在的主目录，server 是主机名，可以在网络属性中设置主机名。

用户可以在提示符后面输入任何命令及参数。shell 命令的种类主要包括 Linux 基本命令、内置命令、实用程序、用户程序和 shell 脚本。shell 将执行这些命令。如果一条命令花费了很长的时间来运行，或者在屏幕上产生了大量的输出，可以按【Ctrl+C】组合键在命令正常结束之前终止它的执行。

目前流行的 shell 有 ash、bash、ksh、csh、zsh 等。

（2）图形化界面

大多数 Linux 系统都以 X Window System（简称 X Window）作为用户的图形化接口，X Window 利用鼠标、菜单、窗口、滚动条等设施，给用户呈现一个直观、易操作、交互性强的友好的图形化界面。X Window 本身极具弹性，可以有各种不同的外观和略有不同操作方式的窗口环境。Linux 的 X Window 并不是一套操作系统，它只是一套平台作业环境，可以在不同的操作系统下运行，只要把程序的源代码在不同的操作系统上进行编译即可。很多操作系统都能执行 X Window，当然 Linux 也能执行 X Window。

由于现在 Linux 操作系统主要应用在网络环境中，图形化界面虽然非常直观友好，但是非常耗费系统资源，不利于远程传输数据，并且图形化界面存在的安全漏洞也多。相对而言，命令行界面的操作方式可以高效地完成所有的操作和管理任务，并能节省系统开销，在安全上更可靠，因而命令行操作方式至今仍然是 Linux 操作系统最主要的操作方式。

但是，对于初学者来说，图形化界面更容易学习，所以在本教材中，对图形化界面和命令行界面都进行讲解。

① 启动图形化界面。当系统正常引导后，输入用户名和密码，即可出现如图 1-1 所示的图形化界面。

X Window 系统只负责显示图形，但是并不限制显示和操作的风格，可以与不同的窗口管理程序配合使用，使用者可以根据自己的喜好进行选择。默认的窗口管理器是 GNOME，该窗口管理器将很多实用工具集成到软件中，从而形成了一个整合式桌面环境系统。

② GNOME 桌面组成。图形化桌面环境 GNOME 使用户能够进入计算机上的应用程序和系统设置。GNOME 桌面提供了三种主要工具来使用系统上的应用程序：面板图标、桌面图标以及菜单系统。

a. 面板图标。位于桌面顶部和底部的长条状区域称为面板，如图 1-33 所示。

（a）顶部面板

（b）底部面板

图 1-33　顶部面板和底部面板

顶部面板包含了菜单系统、程序启动区、通知区域、时钟和音量调节器。

底部面板包括、工作区切换器 、任务条和回收站等。

工作区切换器提供了使用多个工作区（或虚拟桌面）的能力。因此，用户不必把所有运行着的应用程序都堆积在一个可视桌面区域。工作区切换器把每个工作区都显示为一个小方块，然后在上面显示运行着的应用程序。用户可以单击任何一个小方块来切换到那个应用程序。还可以使用快捷键方式【Ctrl+Alt+↑】、【Ctrl+Alt+↓】、【Ctrl+Alt+→】或【Ctrl+Alt+←】来在应用程序间切换。

b. 桌面图标。桌面上的图标是"计算机""root 的主文件夹"和"回收站"。要打开一个文件夹，或启动一个应用程序，双击相应的图标即可。桌面是图形化界面下用户的工作空间，提供了所有传统操作系统桌面的功能。

c. 菜单系统。菜单系统主要包括"应用程序"菜单、"位置"菜单和"系统"菜单，还包括右击桌面任何位置即可弹出的快捷菜单，如图 1-34 所示。从菜单系统可以启动多数包括在 Red Hat Linux 中的应用程序。

（a）"应用程序"菜单　　（b）"位置"菜单　　（c）"系统"菜单　　（d）快捷菜单

图 1-34　菜单系统

2. 命令行界面和图形化界面切换

Linux 是一个真正的多用户操作系统，它可以同时接受多个用户登录。Linux 还允许一个用户进行多次登录，这是因为 Linux 和许多版本的 UNIX 一样，提供了虚拟控制台的访问方式，允许用户在控制台（系统的控制台是与系统直接相连的监视器和键盘）进行多次登录。

虚拟控制台在系统中分别用 tty1～tty6 来表示，通过【Ctrl+Alt+F2】～【Ctrl+Alt+F6】组合键可以切换。按【Ctrl+Alt+F1】组合键则会切换到 X Window 界面。虚拟控制台可使用户同时在多个控制台上工作，真正感受到 Linux 系统多用户的特性。

在安装过程中，如果没有选择工作站或个人桌面安装；或者在启动图形化界面后，也可以按【Ctrl+Alt+F2】～【Ctrl+Alt+F6】组合键，此时就进入虚拟控制台（或称命令行模式、shell 模式）登录模式，按【Ctrl+Alt+F1】组合键还可以回到图形化界面。进入虚拟控制台被引导后，会看到如图 1-35 所示界面。

各部分代表的含义如下：

第一行：目前所使用的操作系统发行版本为 Red Hat Enterprise Linux Server 6.7，别名为 Santiago。

第二行：内核的版本是 2.6.32-573.el6 on an i686。

第三行：server 是计算机的名称（可以自己在网络属性中设置），root 就是系统要求登录的账号名称，再输入账号 root 的密码即可登录。

"[root@server ~]#"是系统的提示符，表示 root 账号在使用 server 这台机器；目前所在的目录位于/root 下；#为根用户的提示符，若是以一般用户登录则提示符号为$。提示符后用户可以输入 Linux 指令。

在一个虚拟控制台上，登录系统后也可以再执行 login 指令，换成另一个账号登录（当然也可以用相同的账号）。用户可以在某一虚拟控制台上进行的工作尚未结束时，切换到另一虚拟控制台开始另一项工作。例如，开发软件时，可以在一个控制台上进行编辑，在另一个控制台上进行编译，在第三个控制台上查阅信息。

图 1-35　命令行方式登录后的界面

3. 系统注销

（1）图形化界面的注销

不论是超级用户，还是普通用户，在图形化界面方式下要退出账号（不关机），均可选择"系统"│"注销"，出现注销对话框后，单击"注销"按钮，如图 1-36 所示；如果想保存桌面的配置以及还在运行的程序，则单击"取消"按钮，就会回到图形化界面。

图 1-36　注销对话框

（2）命令行界面的注销

若在命令行模式下退出系统时，在文本提示符下，输入相应命令即可。下面以例子说明退出系统的过程：[root@server ~]# *exit*，还有其他退出系统的方法，如#*logout* 或按【Ctrl+D】组合键，但使用#*exit*命令是比较安全的。

4. 系统关机

（1）图形化界面关机

因为 Linux 和 Windows 一样，如果不正常关闭的话，可能导致文件系统破坏而使 Linux 出现问题，所以一定要关闭机器，而且只有系统管理员才有权利关闭机器。

在图形化界面会话中，选择"系统"│"关机"，出现关机对话框后，单击"关机"按钮，如图 1-37 所示。

图 1-37　关机对话框

（2）命令行界面关机

在虚拟控制台模式下，也可以使用 *shutdown* 命令关闭系统，以确保系统用户都结束工作并保存数据。关闭系统必须以 root 身份登录系统，然后输入以下关机指令，这行指令表示立刻执行关机。

```
[root@server ~]# shutdown -h now
```

shutdown 命令负责在指定的时间结束系统的全部进程，可以安全地关闭或重启 Linux 系统，它在系统关闭之前给系统上的所有登录用户提示一条警告信息。

该命令还允许用户指定一个时间参数，可以是一个精确的时间，也可以是从现在开始的一个时间段。精确时间的格式是 hh:mm，表示小时和分钟；时间段由"+"和分钟数表示。系统执行该命令后，会自动进行数据同步的工作。

该命令的一般格式为：

```
# shutdown [options] when [message]
```

命令 shutdown 的参数说明如表 1-1 所示。

表 1-1　命令 shutdown 的参数说明

参　　数		说　　　　　　　明
options	-c	取消一个已经运行的 shutdown
	-r	关机后立即重新启动
	-h	关机后不重新启动
	-k	并不真正关机，而只是发出警告信息给所有用户
	-n	快速关机，不经过 init 程序
	-f	快速关机，重启动时跳过 fsck
when	hh:mm	hh 指小时，mm 为分钟，如 10:45
	+m	m 分钟后执行。Now 等于+0，也就是立即执行

如果管理员要在 10 点 50 分时关机并重新启动，则执行命令：

```
# shutdown -r 10:50
```

也可以使用 reboot 命令或者按【Alt + Ctrl + Delete】组合键重新启动系统。

1.4　项　目　总　结

本项目学习了安装操作系统，要求能够掌握 RHEL 6 操作系统的安装，并能够进行登录、注销和关机等基本操作，并熟悉 Linux 操作系统的用户界面。

1.5　项　目　实　训

1. 实训目的

（1）了解 Linux 操作系统的优点。

（2）掌握 RHEL 6 操作系统的安装。

（3）了解 Linux 的启动过程和两种界面。

2. 实训环境

（1）Windows 计算机。

（2）VMware 虚拟机软件。

3. 实训内容

（1）安装 RHEL 6 操作系统。

① 硬盘分区要求：根分区为 20 GB，/boot 分区为 100 MB，交换分区为 2 GB，/var 分区

为 20 GB。

② 网络参数配置要求：IP 地址为 192.168.14.2，网关为 192.168.14.254，DNS 为 219.149.6.99，主机名为 dns.lnjd.com。

③ 安全配置：开启防火墙，只允许 SSH 和 HTTP 服务通过，禁止 SELinux。

④ 创建普通用户 commom，密码设置为 linux6。

（2）分别使用命令行界面和图形化界面登录系统。

（3）进行注销和关机操作。

4. 实训要求

实训分组进行，可以 2 人一组，小组讨论，决定方案后实施；教师在小组方案确定后给予指导，在学生安装系统出现问题时，引导学生独立解决问题。

5. 实训总结

完成实训报告，总结项目实施中出现的问题。

1.6 项 目 练 习

一、选择题

1. 在 Bash 中，超级用户的提示符是（   ）。

    A. $ B. #   C. @   D. C:\

2. Linux 系统是一个（   ）的操作系统。

    A. 单用户、单任务   B. 单用户、多任务

    C. 多用户、单任务   D. 多用户、多任务

3. Linux 最早是由（   ）开发的。

    A. Linux Sarwar   B. Rechard Petersen

    C. Rob Pick   D. Linus Torvalds

4. 下面关于 shell 的说法，不正确的是（   ）。

    A. 操作系统的外壳   B. 用户与 Linux 内核之间的接口程序

    C. 一个命令语言解释器   D. 一种类似 C++的可视化编程语言

5. Linux 操作系统根分区的文件系统类型是（   ）。

    A. ext4   B. ext3   C. vfat   D. NTFS

二、填空题

1. Linux 操作系统的文件系统类型主要有_____、_____和_____。

2. Linux 操作系统的窗口管理器主要有_____和_____。

3. Linux 操作系统用户界面主要有_____和_____。

4. Linux 操作系统的图形化界面主要由_____、_____和_____三部分组成。

5. Linux 操作系统默认的系统管理员账户是_____。

➡ 管理文件系统

文件系统（File System）是磁盘上有特定格式的一片区域，操作系统利用文件系统保存和管理文件。不同的操作系统需要使用不同的文件系统，为了与其他操作系统兼容，操作系统通常都支持很多类型的文件系统。例如，Windows Server 2008 操作系统推荐使用的文件系统是 NTFS，但也兼容 FAT 等其他文件系统。Linux 操作系统使用 ext3/ext4 文件系统。

2.1　项目描述

某公司网络管理员负责为公司管理文件和目录，公司名称为 lnjd，有部门财务部（cw），人事部（rs）和销售部（xs），目录结构如图 2-1 所示。

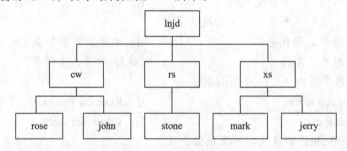

图 2-1　公司目录结构

公司的计算机安装了 Linux 操作系统，管理员要进行目录和文件管理、服务器管理、安装软件和使用 Vi 编辑器等工作。

2.2　相关知识

2.2.1　文件和目录的概念

文件系统拥有的不同格式称为文件系统类型（File System Types），这些格式决定了信息是如何被存储为文件和目录的。Linux 文件系统遵循 FHS（File Hierarchy System）系统，支持许多流行的文件系统：

（1）ext2：于 1993 年发布，是 GNU/Linux 系统中标准的文件系统，Red Hat Linux 7.2 以前版本的默认文件系统。

（2）ext3：Red Hat Linux 7.2 以后版本所默认的文件系统。

（3）ext4：从 Linux Kernel 2.6.28 版本开始，正式支持新的文件系统 ext4。ext4 在 ext3 的

基础上增加了大量新功能和特性，并提供更佳的性能和可靠性。

（4）ISO 9660：国际标准组织（ISO）颁布的 9660 标准，规定了在光盘存放文件的方式。

（5）NFS（网络文件系统）：网络上计算机挂载经常采用的系统。

（6）vfat：这是 Microsoft 的 Windows 所采用的文件系统，支持长文件名。

在 Linux 中，所有文件都被保存在目录中，目录中还可以包含目录和文件，可以把文件系统想象成一个倒挂的树形结构，目录看成它的枝干，文件看成叶子。包含其他目录或文件的目录称为"父目录"，被包含的目录称为子目录（subdirectory）。所有文件或目录都连接在根目录（用"/"表示）。从根目录开始可以定位系统内的每一个文件。

2.2.2　Linux 标准文件和目录

Linux 文件系统标准遵循 FHS 标准，可以用文件管理器来查看根目录下面的一级目录，如图 2-2 所示。

这些目录的主要内容类别是：

（1）/bin 目录：存放可执行的二进制文件，基本 Linux 的命令都存在该目录下。

（2）/boot 目录：存放引导 Linux 内核和引导加载程序配置文件（GRUB）。

（3）/dev 目录：存放代表系统设备的特殊文件。

（4）/etc 目录：存放和主机管理、配置相关的文件。

（5）/home 目录：有登录账号的各用户的主目录所在目录。

图 2-2　Linux 文件目录

（6）/lib 目录：存放执行/bin 及/sbin 目录下可执行文件所需要的函数库。

（7）/mnt 目录：各种设备的文件系统安装点。

（8）/proc 目录：当前系统内核与程序运行的信息，和使用 ps 命令看到的内容相同。

（9）/opt 目录：第三方应用程序的安装目录。

（10）/root 目录：管理员账户 root 的主目录。

（11）/tmp 目录：临时文件的存放位置。

（12）/usr 目录：存放 Linux 操作系统中大量的应用程序，该目录的文件可以被所有用户读取。

2.2.3　Linux 的启动过程

对于一个系统管理员来说，了解系统的启动和初始化过程对于管理 Linux 进程和服务十分有益。Linux 系统的初始化包含内核部分和 init 程序两部分，内核部分主要完成对系统硬件的检测和初始化工作，init 程序部分则主要完成对系统的各项配置。

Linux 的启动过程由以下几个阶段组成：

1. 执行 GRUB 或 LILO 应到装载程序

开启电源后，计算机首先加载 BIOS，并且检查基本的硬件信息，例如内存数量、处理器及硬盘容量等。然后就会根据 BIOS 中的系统引导顺序，一次查找系统引导设备，读取并执行其 MBR 上的操作系统引导装载程序。Linux 上的引导装载程序有 GRUB 和 LILO 两种，在系统安装过程中用户选择，默认是 GRUB，其被指文件是/boot/grub/grub.conf。该程序的主要功能是系统在启动之后要加载哪个系统，以及到何处加载。

2. 加载 Linux 内核

如果选择启动 Linux，系统就会从/boot 分区读取并加载 Linux 内核程序，从此时开始正式进入 Linux 的控制。Linux 首先会搜索系统中的所有硬件设备并驱动它们，同时这些硬件设备信息也会在屏幕上显示出来，用户可以借此了解硬件是否都成功驱动。也可以在开机后打开/var/log/dmesg 文件来检查所有的开机信息。

3. 执行/sbin/init

在系统加载 Linux 内核之后，紧接着会调用/sbin/init 程序，以启动系统的 init 进程。该进程是 Linux 系统中的第一个进程，其进程号（PID）始终为 1，它的职责就是启动、停止和监控所有其他程序，是其他进程的父程序，只要系统运行，init 程序就会一直运行，且是最后一个终止的进程。init 程序不仅启动和维护属于自己的几个进程，而且调用其他几个包含了运行各种不同进程的脚本程序（script）的文件。

4. 读取并执行/etc/inittab

init 程序首先读取自己的配置文件/etc/inttab，根据/etc/inttab 文件的内容决定系统启动为哪个运行级别，进而由/etc/init/rcS.conf、/etc/init/rc.conf 等文件决定启动哪些服务程序。

5. 执行/etc/rc.d/rc.local 脚本程序

/etc/rc.d/rc.local 程序相当于 MS-DOS 系统中的 autoexec.bat 文件，在此文件中可加入开机时需要执行的若干程序或命令名称，每个程序或命令占一行，系统将按顺序执行。

6. 执行 bin/login 登录程序

如以上步骤都正确无误，系统会依照制定的运行级别打开图形化或命令行的登录界面，提示用户输入账号及密码，并进行验证。如果验证通过，系统就会为用户进行环境的初始化配置，然后将控制权交给 shell。

2.2.4 Linux 的运行级别

与 Linux 运行级别相关的配置文件包括/etc/inittab、/etc/init/rcS.conf、/etc/init/rc.conf、/etc/init/contrla-alt-delete.conf、/etc/init/tty.conf 和/etc/init/serial.conf。

1. /etc/inittab 文件

Linux 系统的运行级别可以理解为当用户登录时系统为用户提供何种服务，它取决于/etc/inittab 配置文件的内容。inittab 文件是 init 进程的配置文件，用于指定系统的运行级别，与此相配套的其他文件可以据此决定系统启动时和正常运行时将要运行哪些脚本和服务。

使用命令 *cat /etc/inittab* 查看配置文件/etc/inittab 的内容，如图 2-3 所示。

大多数类 UNIX 系统都根据 System V 对 init 的定义，将运行级别分为 7 种模式，如表 2-1 所示。

图 2-3　查看配置文件/etc/inittab 内容

表 2-1　运行级别的 7 种模式

运 行 级 别	说　　　　明
0	关机（halt）
1	进入单用户模式
2	多用户模式，无网络支持
3	完全的多用户模式，有网络支持，命令行界面
4	未使用，为保留的运行级别
5	完全的多用户模式，有网络支持的 X11 图形接口登录
6	重启登录

一般系统默认的运行级别为 3 或 5。系统管理员可以通过修改/etc/inittab 文件内容来重新或启动。若要修改运行级别，只需要在此文件中找出下行：

```
id:5:initdefault:
```

其中的数字 5 表示目前系统默认的运行级别为 5，将此数字修改为 0~6 之间的其他数字，可改变系统的运行级别，如改为 3，系统将以命令行界面登录，并提供多用户和网络支持。

在图形化界面运行的过程中，可以使用命令 *runlevel* 查看运行级别，再使用命令 *init 3* 使系统进入命令行界面，如图 2-4 所示。在命令行方式中输入命令 *init 5* 又可以返回图形化界面。

图 2-4　修改运行级别

2. /etc/init/rcS.conf 文件

/etc/init/rcS.conf 文件是 RHEL 系统初始化脚本文件。在 RHEL 的启动过程中，当 init 程序被内核调用后，将首先执行/etc/init/rcS.conf 中制定的/etc/rc.d/rc.sysinit 脚本程序，该程序用于执行一系列系统初始化操作，包括装载和检查文件系统、设置网络参数、打开即插即用设备、装载必需的内核模块、启动 RAID 阵列、清除旧的锁文件、设定系统时钟，以及把启动时的内核信息记录到/var/log//dmesg 等。

3. /etc/init/rc.conf 文件

/etc/init/rc.conf 是用于启用不同运行级别下的脚本的配置文件。系统初始化完成后，init 进程会使用与默认运行级别相同的命令行参数来运行/etc/rc.d/rc。如果默认运行级别为 3，执行的命令是/etc/rc.d/rc 3。脚本程序接收此命令行参数 "3"，将运行所有的位于/etc/rc.d/rc3.d 目录下的命令。

/etc/rc.d/rc 脚本程序依次读入所有目录下的以 K 开头的脚本，并使用 stop 参数来运行它们；然后依次读入所有目录下的以 K 开头的脚本，并使用 start 参数来运行它们。从/etc/rc.d/rc0.d 到/etc/rc.d/rc6.d 的各个目录中，包括各种以 K 和 S 开头的脚本文件，这些以 K 和 S 开头的文件实际上符号链接到存储在/etc/rc.d/init.d 目录中的真正的脚本程序。用这种方法所有控制服务的脚本程序被集中存储起来。

4. /etc/init/control-alt-delete.conf 文件

该文件用于定义【Ctrl+Alt+Delete】组合键的动作。

5. /etc/init/tty.conf 和/etc/init/serial.conf 文件

这两个文件分别为终端的串口终端的配置文件,它们会调用/etc/sysconfig/init 文件中的配置信息。

2.2.5 进程的概念

Linux 是一个多用户、多任务的操作系统,在同一时间允许有多个用户向操作系统发出各种操作命令。每当运行一个命令时,系统就会同时启动一个进程。进程(processes)是指具有独立功能的程序的一次运行过程,也是系统资源分配和调度的基本单位。

进程由程序产生,是一个运行着的、要占用系统资源的程序。但进程并不等于程序,进程是动态的,而程序是静态的文件,多个进程可以并发调用同一个程序,一个程序可以启动多个进程。当程序被系统调入内存以后,系统会给程序分配一定的资源(如内存、设备等),然后进行一系列的复杂操作,使程序变成进程以供系统调用。为了区分不同的进程,系统给每个进程分配了一个唯一的进程标识符(PID)或进程号。Linux 系统在刚刚启动时,运行于内核方式,此时只有一个初始化进程在运行,该进程首先对系统进行初始化,然后执行初始化程序(即/sbin/init)。初始化进程是系统的第一个进程的子进程。一般情况下,只有子进程结束后,才能继续父进程,若是从后台启动的,则不用等待子进程的结束。

为了充分利用系统资源,Linux 系统将进程分为以下几种状态:

(1)运行状态:进程已获得除 CPU 外运行所需的全部资源,一旦系统把 CPU 分配给它之后即可投入运行。

(2)等待状态:又称睡眠状态,进程正在等待某个时间或某个资源。

(3)暂停状态:又称挂起状态,进程需要接受某种特殊处理而暂时停止运行。

(4)休眠状态:进程主动暂时停止运行。

(5)僵死状态:进程的运行已经结束,但它的控制信息仍在系统中。

(6)终止状态:进程已经结束,系统正在回收资源。

Linux 系统的进程大体可分为交互进程、批处理进程和守护进程三种。

(1)交互进程:由 shell 通过执行程序所产生的程序,可以工作在前后台。

(2)批处理进程:不需要与终端相关,是一个进程序列。

(3)守护进程:Linux 系统自动启动,工作在后台,用于监视特定服务。

2.2.6 Vi 编辑器简介

Vi 是 Linux/UNIX 上最普遍的文本编辑器,Vi 是 Visual Editor 的简称。用户在使用计算机的时候,往往需要编辑器建立自己的文件,无论是一般的文本文件、数据文件,还是编写的源程序文件。Vi 是 Linux 的第一个全屏幕交互式编辑工具,在任何一台 Linux 机器上都能使用。Linux 提供了一个完整的编辑器系列,如 Ed、Ex、Vi 和 Emacs。Vi 可以执行输出、删除、查找、替换、块操作等,而且用户可以根据自己的需要对其进行定制。Vi 不是一个排版程序,它不像 Word 那样可以对文字进行字体、段落、格式等编排,它只是一个文本编辑工具。

1. Vi 的模式

Vi 没有菜单,只有命令,而且命令繁多。Vi 有三种模式:即命令模式(command mode)、插入模式（insert mode）、末行模式（last line mode），三种模式之间可以互相转换。

（1）命令模式

该模式是通过输入命令控制屏幕光标的移动，字符、字或行的删除，移动复制某区段及进入插入或者末行模式。第一次进行 Vi（使用命令 # vi lnjd.txt）时就处于该模式下，这时只有按相应的快捷键才能进入插入模式，按【Esc】键又重新进入命令模式，此时可以输入命令。

在命令模式或是插入模式下都可以用键盘上的 4 个方向键移动光标。但有些终端不能使用方向键，就必须用命令模式下的移动指令。移动指令使用小写英文字母键 h、j、k、l，分别控制光标左、下、上、右移一格。具体命令模式下的命令如表 2-2 所示。

表 2-2　命令模式下的命令

命 令 分 类	命　　令	功　能　说　明
移动命令	Ctrl+B	屏幕往"后"移动一页
	Ctrl+F	屏幕往"前"移动一页
	Ctrl+U	屏幕往"后"移动半页
	Ctrl+D	屏幕往"前"移动半页
	数字 0	移到文章的开头
	$	移动到光标所在行的"行尾"
	w	光标跳到下个字的开头
	b	光标回到上个字的开头
	G	移动到文章的最后。#G 表示移动到#行。例如，1G 表示移动到第一行，20G 表示移动到 20 行
	^	移动到光标所在行的"行首"
	e	光标跳到下个字的字尾
	#l	光标移到该行的第#个位置
删除文字命令	x:	删除光标所在位置后面一个字符
	#x	1x 表示删除光标后面 1 个字符
	X	每按一次，删除光标前面 1 个字符
	#X	8X 表示删除光标前面 8 个字符
	dd	删除光标所在行
	#dd	从光标所在行开始删除#行
复制命令	yw	复制光标之处到字尾的字符到缓冲区
	#yw	复制#个字
	yy	复制光标所在行到缓冲区
	#yy	6yy 复制从光标所在行及以下数共 6 行
	p	将缓冲区内的字符贴到光标所在处。所在复制命令必须与"p"配合才能完成复制与粘贴
替换命令	r	替换光标所在处的字符
	R	替换光标之处的字符，直到按【Esc】键为止
恢复命令	u	如果误执行一个命令，可以输入 u 命令，回到上一个操作。多次输入 u 命令可以执行多次恢复

命令分类	命令	功能说明
插入命令	a	从光标处后面输入文本，取自 append
	A	从行尾输入文本，取自 append
	i	从光标处前面输入文本，取自 insert
	I	从行首第一个非空白之处前输入文本
	o	在光标所在行下面插入一个空行
	O	在光标所在行上面插入一个空行

（2）插入模式

只有在插入模式下，才可以从键盘进行文字输入或修改文字，此时按【Esc】键可回到命令模式，不管用户处于何种模式下，只要连按两次【Esc】键，即可进入命令模式。

（3）末行模式

此模式可以保存文件或退出 Vi，也可以设置编辑环境，如寻找字符串、列出行号等。在使用末行模式之前，请记住按【Esc】键，确定已经处于命令模式下后，再按【:】键。末行模式下的命令如表 2-3 所示。

表 2-3　末行模式下的命令

命令分类	命令	功能说明
列出行号命令	set nu	在文件中的每一行前面列出行号
跳到文件中的某一行命令	#	#号表示一个数字，在冒号后输入一个数字，再按【Enter】键就会跳到该行，如输入数字 6，再按【Enter】键，就会跳到文章的第 6 行
查找字符命令	/关键字	先按【/】键，再输入想寻找的字符，如果第一次找的关键字不是想要的，可以一直按【n】键往后寻到到需要的关键字为止
	?关键字	先按【?】键，再输入想寻找的字符，如果第一次找的关键字不是想要的，可以一直输入 n 会往前寻到到需要的关键字为止
	n	表示重复前一个查找的动作。例如，正在执行向下查找字符串 web，输入 n 后，会继续向下查找下一个字符串 web
	N	与 n 相反，为反向进行前一个查找动作
替换字符命令	: n1, n2s/word1/word2/g	n1 与 n2 为数字。在第 n1 与 n2 行之间寻找 word1 这个字符串，并将该字符串取代为 word2。举例来说，在 100～200 行之间查找 myweb 并取代为 MYWEB 则输入：100, 200s/myweb/MYWEB/g
	: 1, $s/word1/word2/g	从第一行到最后一行寻找 word1 字符串，并将该字符串取代为 word2
	: 1, $s/word1/word2/gc	从第一行到最后一行寻找 word1 字符串，并将该字符串取代为 word2，且在取代前显示提示字符给用户确认（confirm）是否需要取代
保存文件命令	w	在冒号输入字母 w 就可以将文件保存起来
离开 Vi 命令	q	按【q】键就是退出，如果无法离开 Vi，可以在 q 后跟一个!强制离开 Vi
	wq	一般建议离开时使用 wq，这样退出时还可以保存文件，再跟!表示强制离开

2．Vi 的进入与退出

（1）进入 Vi

在虚拟控制台提示符号下，输入 Vi 及文件名称后，就进入 Vi 全屏幕编辑画面，如果是新文件，则打开软件同时生成新文件；否则是编辑已存在的文件。

```
# vi lnjd.txt
```

这时 Vi 处于接收命令行的命令状态，只有切换到插入模式才能够输入文字。初次使用 Vi 的人都会想先用上、下、左、右键移动光标，结果计算机一直鸣叫，所以进入 Vi 后，在命令模式下输入 i，就可以进入插入模式，这时候用户就可以开始输入文字了。

（2）退出 Vi

在命令模式下，按【:】键进入末行模式，这时可输入与存盘及退出的末行命令。例如：

```
: w lnjd.txt （输入文件名 lnjd.txt 并保存）
: wq （输入 wq，存盘并退出 Vi）
: q! （输入 q!， 不存盘强制退出 Vi）
```

3．Vi 的文本输入

进入文本插入模式后，就可以输入文本。第一次使用 Vi 时，有以下几点需要注意：

（1）用 Vi 打开文件后，是处于命令模式，要切换到插入模式才能够输入文字。切换方法：在命令行模式下按【i】键就可以进入插入模式，这时候就可以开始输入文字了。

（2）编辑好后，需从文本插入模式切换为命令模式才能对文件进行保存。切换方法：按【Esc】键。

（3）保存并退出文件：在命令模式下输入 *:wq* 即可。

2.2.7　Linux 操作系统软件包简介

在 Windows 中，软件的安装与卸载可以使用系统自带的安装卸载程序或者控制面板中的"添加／删除程序"来实现。Linux 虽然也有"添加／删除应用程序"菜单，但功能有限。一般情况下，Linux 安装软件主要通过以下两种形式：第一种安装文件名形如 xxx.tar.gz，这种软件多以源代码形式发行；另一种安装文件名形如 xxx.i386.rpm，软件包以二进制形式发布，也就是 RPM 包的安装形式。

RPM（Red Hat Package Manager）是最早由 Red Hat 公司使用的一个功能强大的软件安装卸载工具，同时也是对各种的应用程序进行组织和管理的一种标准化方式。可以实现软件的建立、安装、查询、更新、验证、卸载等功能。

同 RPM 相比，使用源代码进行软件安装稍微复杂一些，但是用源代码安装软件是 Linux 下进行软件安装的重要手段，也是运行 Linux 最主要的优势之一。使用源代码安装软件，可以按照用户的需要，选择定制的安装方式进行安装，而不是仅仅依靠那些在安装包中的预配置的参数选择安装。此外，有一些软件程序只提供源代码安装方式。无论哪种形式的软件包，都可以互联网上进行下载。

2.3　项 目 实 施

2.3.1　文件系统管理

在 Linux 操作系统中，命令有很多，主要包括目录管理类命令、文件操作类命令、压缩类命令、打包类命令、进程管理类命令、安装软件类命令。其中，目录管理类命令主要有 pwd、ls、cd、mkdir 和 rmdir 等，文件操作类命令主要有 touch、cp、mv、rm、grep 和 find 等，压缩类命令主要有 gzip、bzip2 和 zip 等，打包类命令有 tar，安装软件类命令有 rpm、make 等，进程管理类命令有 ps、kill、top 等。

1. 创建目录并查看

（1）打开"应用程序"｜"系统工具"｜"终端"窗口，或者在桌面空白位置右击并在弹出的快捷菜单中选择"在终端中打开"选项，打开"终端"窗口。在其中输入命令 *mkdir /lnjd*，结果如图 2-5 所示，使用命令 *ls* 查看到在根目录下有目录 lnjd。

图 2-5　创建目录 lnjd

（2）使用相同的命令建立所有的子目录，并查看结果，如图 2-6 所示。

图 2-6　创建所有目录

命令解释——mkdir：

功能：创建一个目录。

命令格式：mkdir [参数] 文件名

常用参数：

-p：在创建目录时，如果父目录不存在，则同时创建该目录及该目录的父目录。

命令解释——ls：

功能：显示指定目录的目录和文件。

命令格式：ls [参数] [目录或文件]

常用参数：

-a：列出当前目录下的所有文件，包括以"."开头的隐含文件。

-l：列出文件的详细信息。

-R：显示指定目录及子目录下的内容。

命令解释——cd：

命令 *cd* 用来切换不同目录，如进入目录*/lnjd*，执行命令 *cd /lnjd*。在 Linux 操作系统中，"."表示当前目录，查看用户的当前目录的命令是 *pwd*，".."表示当前目录的父目录；"~"表示当前登录用户的主目录，命令 *cd　~* 表示进入当前用户的主目录。

2. 创建文件并查看

（1）在"终端"中输入命令 *touch   /lnjd/xs/sales14*，创建一个空白的新文件 sales14，同样，输入命令 *touch   /lnjd/xs/sales15*，创建文件 sales15，如图 2-7 所示。

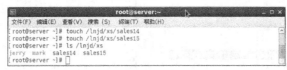

图 2-7 创建两个空白文件

命令解释——touch：

功能：创建一个空白的新文件。

命令格式：`touch 文件名`

文件名是要创建的文件名称。比如在当前目录下创建一个名位 newfile 的文件，可以输入命令 *touch newfile*，然后输入命令 *# ls -l newfile* 查看是否创建了文件。

（2）使用命令 echo 向文件 sales14 和 sales15 中填写内容，命令是 *echo Total sales in 2014 is 3.14 million yuan > /lnjd/xs/sales14* 和 *echo Total sales in 2015 is 4.85 million yuan > /lnjd/xs/sales15*，如图 2-8 所示。

图 2-8 向空白文件中填写内容

命令解释——echo：

功能：将字符串显示在屏幕上。

命令格式：`echo [字符串]`

例如，在当前终端屏幕中显示"hello"字符，在执行命令 *echo hello*。

命令解释——"＞"：

命令"＞"是输出重定向操作符。输出重定向是将一个命令的输出重新定向到一个文件中，而不是显示在屏幕上。输出重定向的操作符有"＞"和"＞＞"。操作符"＞"将命令的执行结果重定向输出到指定的文件中，命令进行输出重定向后执行结果将不显示在屏幕上。如果"＞"操作符后边指定的文件已经存在，则这个文件将被重写。操作符"＞＞"是追加重定向，将命令执行结果重定向并追加在原文件的末尾，不覆盖原文件内容。

（3）查看文件 sales14 和 sales15 文件内容，使用命令 *more   /lnjd/xs/sales14* 和 *more /lnjd/xs/sales15*，如图 2-9 所示。

命令解释——more：

命令 more 的功能是在终端中按屏显示文件内容，为了避免文件内容显示瞬间就消失，可以使用 more 命令让文件显示满一屏时暂停，在按下任何键的时候继续显示下一屏内容。如当用 ls 命令查看文件列表时，若文件太多，则可配合 more 命令使用，如 *ls -l | more*，如图 2-10 所示。

命令解释——管道符号"丨"：

管道符号"丨"的作用是将一系列的命令连接起来。第一个命令的输出通过管道传给第二个命令作为输入。

图 2-9　查看文件内容　　　　　　　　　图 2-10　more 命令与 ls 配置使用

3. 合并文件并查看

合并文件 sales14 和 sales15，使用命令 *cat /lnjd/xs/sales14 /lnjd/xs/sales15 >/lnjd/cw/john/sales*，或者使用命令 *more /lnjd/xs/sales14 /lnjd/xs/sales15 > /lnjd/cw/john/sales*，如图 2-11 所示。

图 2-11　合并文件内容并查看

命令解释——cat：

命令 cat 的功能是查看文件内容，该命令在显示文本文件时，一次性将所有内容输出到屏幕上，所以适合查看文件内容少的文件，而对于一屏显示不了的长文件，则使用命令 more 进行查看。

4. 查看文件属性并进行修改

（1）查看 sales 权限，查看 sales 文件的权限使用命令 *ls –l /lnjd/cw/john/sales*，结果如图 2-12 所示。sales 文件的属性如果使用数字表示为 644。

图 2-12　查看文件权限

Linux 作为一个多用户的网络操作系统，通过对文件和目录存取及执行的权限来控制用户对文件的访问。被授予权限的用户可以访问文件，而没有授权的用户则被拒绝。每个文件和目录都被创建它的人所"拥有"。拥有者和根用户享有文件的所有权限，并可以给其他用户授权。

第一个字符表示文件形态，即区分文件的类型，常见取值为 d、–、l、b 和 c。"d"表示是一个目录，在 ext 文件系统中目录也是一种特殊的文件；"–"表示该文件是一个普通文件；"l"表示该文件是一个符号链接文件，实际上它指向另一个文件；"b""c"分别表示该文件为区块设备或其他的外围设备，是特殊类型的文件。

剩下的 9 个字符显示文件的访问权限，9 个字符分为三组，每组用三个字符，第一组为所属用户（user）的权限，第二组是所属群（group）组权限，第三组为其他用户（others）的权限。每个字符的含义如下：

r：（read）允许读取。

w：（write）允许写入。

x：（excute）允许执行。

（2）修改文件 sales 属性为文件属主和组能够进行读、写和执行，其他用户不可读，使用命令 *chmod 770 /lnjd/cw/john/sales* 将目录的权限修改为 770，保证同组的用户都能读写目录，如图 2-13 所示。

图 2-13　修改文件权限

命令解释——chmod：

功能：改变文件权限和所有者。

命令格式：chmod [-R] [who] opcode permission file

-R：表示连子目录和文件一并执行。

[who]：u（user）g（group）o（other）之一。

opcode：表示+（增加）-（删除）=（分配）之一。

permission：表示 r（read）、w（write）、x（execute）之一。

file：文件名。

例如，管理员为文件 file1 的拥有者分配读、写、执行的权限，群组用户分配只读权限，其他用户没有任何权限，可以使用命令#*chmod u=rwx，g=r file1* ，如果为群组用户添加执行的权限，为其他用户添加读的权限，可以输入命令# *chmod g+x，o+r　file1* 。删除为其他用户添加的读权限，可以输入命令：# *chmod o-r file1*。

把文件的权限（-、w、x、r）赋予不同数值，比如，x=1、-=0、w=2、r=4，文件的权限就可以使用型如 n1 n2 n3 的这样三个数字来表示。其中，n1 表示所属用户权限，数字大小就是权限的数字和，比如权限 rwx 合起来就是 1+2+4=7，也就是用数字"7"，表示读、写、执行权限，5=1+4，也就是 rx，表示执行和读的权限，其余的依此类推；n2 表示所属群组权限；n3 表示其他用户权限。它们的数字权限定义和用户相同。下面看几个权限的例子：

rwx------：用数字表示为 00。

rwxr--r--：用数字表示为 744。

rw-rw-r-x：用数字表示为 665。

rwx-x-x：用数字表示为 711。

如果使用数字表示权限，把文件 file1 的权限设置为 711（rwx-x-x），就可以使用命令#*chmod 711 file1*；将其权限设置为 665（rw-rw-r-x），则可以输入命令 *chmod 665 file1*。

5. 移动和复制文件

使用命令 *mv /lnjd/xs/sales14 /lnjd/cw/john/14* 将 xs 中的 sales14 文件移动到目录 cw/john 中，文件改名为 14，并查看结果，如图 2-14 所示。

图 2-14　移动文件

命令解释——mv：

功能：移动或更名现在的文件或目录。

命令格式：mv [参数] 源文件或目录 目标文件或目录

主要参数：

-i：覆盖文件之前会询问用户。

-f：若目标文件或目录与现有的文件或目录重复，则直接覆盖现有的文件和目录。

命令解释——cp：

功能：复制文件或目录。

命令格式：cp [参数] 源文件 目标文件

主要参数：

-i：覆盖文件之前会询问用户。

-f：若目标文件或目录与现有的文件或目录重复，则直接覆盖现有的文件和目录。

-r：将指定目录下的文件与子目录一并处理，即可以复制文件夹。

6. 删除文件和目录

（1）使用命令 *rmdir /lnjd/cw/rose* 删除目录 cw/rose，这是一个空目录，可以直接删除；再使用命令 *rm /lnjd/cw/john* 删除目录 cw/john，这是一个非空目录，直接删除没有成功，如图 2-15 所示。

命令解释——rmdir：

功能：删除空目录。

命令格式：cp [参数] 目录名

主要参数：

-p：在删除目录时，一并删除父目录，但父目录中必须没有其他目录和文件。

（2）使用命令 *rm /lnjd/xs/sales15* 删除目录 xs 目录下的 sales15 文件，并查看结果，如图 2-16 所示。

图 2-15　删除目录

图 2-16　删除文件

命令解释——rm：

功能：删除文件或目录。

命令格式：rm [参数] 文件名或目录名

主要参数：

-i：删除文件或目录时提示用户。

-f：删除文件或目录时不提示用户。

-r：递归删除目录，即目录下所有的文件和目录。

（3）删除非空目录 cw/john，使用命令 *rm-r /lnjd/cw/john* 按照提示删除成功，并查看结果，如图 2-17 所示。

7. 打包和解包文件

备份目录/lnjd 到/root 中，生成备份文件 lnjdbf.tar，查看文件大小。使用打包命令 *tar-cvf lnjdbf.tar /lnjd* 备份目录/lnjd 到/root 中，生成备份文件 lnjdbf.tar，使用命令 *ls –l lnjdbf.tar* 查

看文件大小，如图 2-18 所示。

图 2-17　删除非空目录　　　　　　　图 2-18　打包文件

tar 是用于文件打包的命令行工具。tar 命令可以把一系列文件归档到一个大文件中，也可以把档案文件解开以恢复数据。归档文件没有经过压缩，它所使用的磁盘空间是其中所有文件和目录的总和。总体来说，tar 命令主要用户打包和解包。

tar 经常使用的选项参数有：

-c：创建一个新 tar 文件。

-f：当与 -c 选项一起使用时，创建的 tar 文件并使用该选项指定的文件名；与 -x 选项一起使用时，则解除该选项指定的归档。

-t：显示包括在 tar 文件中的文件列表。

-v：显示文件的归档进度。

-x：解压缩 tar 文件。

-z：使用 gzip 来压缩 tar 文件。

-j：使用 bzip2 来压缩 tar 文件。

命令 tar-cvf lnjdbf.tar /lnjd 中，lnjdbf.tar 表示将要创建的归档文件名，/lnjd 表示将要放入归档文件内的文件或目录名。也可以使用 tar 命令同时处理多个文件和目录，方法是把要放入归档的所有文件或目录都在命令中列出，中间用空格间隔，例如：

```
# tar -cvf file.tar /home/ljh/work /home/ljh/school
```

上面的命令把 /home/ljh 目录下的 work 和 school 子目录内的所有文件都放入当前目录中一个叫做 file.tar 的新文件里。

查看 tar 包的内容，要列出 tar 文件的内容，可以输入命令 # tar –tvf file.tar；抽取 tar 包文件的内容，可以输入命令 # tar -xvf file.tar。

该命令不删除 tar 文件包，但是会把被解除归档的内容复制到当前的工作目录下，同时保留归档文件所使用的任何目录结构。例如，该 tar 文件包中包含一个叫做 pig.txt 的文件，而这个文件包含在 animal/ 目录中，那么，抽取归档文件将会在当前的工作目录中首先创建 animal/ 目录，文件 pig.txt 就包含在该目录中。

8. 压缩文件

使用命令 gzip lnjdbf.tar 压缩备份文件 lnjdbf.tar，查看压缩文件大小，如图 2-19 所示。

tar 本身默认并不压缩文件。如果要创建一个使用 tar 和 bzip 来归档压缩的文件，必须使用 -j 选项，比如命令 # tar -cjvf file.tbz file。

习惯上用 bzip2 压缩的 tar 文件具有 .tbz 扩展名。以上命令创建了一个归档文件，然后将其压缩为 file.tbz 文件。如果使用 bunzip2 命令为 file.tbz 文件解压，file.tbz 文件会被删除，新

图 2-19　压缩文件

的解压缩后的归档文件 file.tar 被创建。还可以用一个命令来同时扩展并解除归档 bzip tar 文件：# *tar -xjvf file.tbz*。

要创建一个用 tar 和 gzip 归档并压缩的文件，使用带–z 选项的命令，例如：

```
# tar -czvf file.tgz file
```

习惯上用 gzip 来压缩的 tar 文件具有 .tgz 扩展名，这个命令创建归档文件 file.tar，然后把它压缩为 file.tgz 文件（文件 filename.tar 不被保留）。如果使用 gunzip 命令来给 file.tgz 文件解压，file.tgz 文件会被删除，并被替换为 file.tar。也可以用单个命令来扩展 gzip tar 文件：# *tar -xzvf filename.tgz*。

在 Red Hat Linux 中，可以使用的文件压缩工具有 gzip、bzip2 和 zip。bzip2 压缩工具提供了最大限度的压缩，并且可在多数类似 UNIX 的操作系统上找到。gzip 压缩工具也可以在类似 UNIX 的操作系统上找到。但如果需要在 Linux 和其他操作系统如 MS Windows 间传输文件，应该使用 zip，因为该命令与 Windows 上的压缩工具最兼容。

习惯上，用 gzip 来压缩的文件的扩展名是.gz；用 bzip2 来压缩的文件的扩展名是.bz2；用 zip 压缩的文件的扩展名是.zip。用 gzip 压缩的文件可以使用 gunzip 来解压；用 bzip2 压缩的文件可以使用 bunzip2 来解压；zip 压缩的文件可以使用 unzip 来解压。

（1）bzip2 和 bunzip2

要使用 bzip2 来压缩文件，在 shell 提示下输入以下命令：# *bzip2 file*，文件 file 即会被压缩并被保存为 file.bz2 的格式，要扩展压缩的文件，在 shell 下输入命令：#*bunzip2 file.bz2*。

解压缩命令执行完毕后，file.bz2 文件会被删除，同时创建解压缩后的文件 file。也可以使用 bzip2 命令同时处理多个文件和目录，方法是把被压缩的文件写在命令后面，并用空格间隔，例如：# *bzip2 file.bz2 file1 file2 file3 /usr/work/school*。上面的命令把 file1、file2、file3 及/usr/work/school 目录的内容（假设这个目录存在）压缩并保存为文件 file.bz2。

（2）gzip 和 gunzip

要使用 gzip 来压缩文件，在 shell 提示下输入以下命令：#*gzip file*，文件即会被压缩，并被保存为 filen.gz。要扩展压缩的文件，输入以下命令：# *gunzip file.gz*。

命令执行完后，file.gz 文件被删除，新文件 file 被创建。也可以使用 gzip 命令同时处理多个文件和目录，方法是把把被压缩的文件都写在命令后面，并用空格间隔，例如：# *gzip -r file.gz file1 file2 file3 /usr/work/school*。

（3）zip 和 unzip

要使用 zip 来压缩文件，在 shell 提示下输入下面的命令：# *zip -r file.zip file*。

其中，file.zip 表示要创建的文件，files 表示被压缩的文件或者目录。–r 选项指定递归地（recursively）包括所有在 file 目录中的文件（如果 file 表示目录）。

要抽取 zip 文件的内容，输入以下命令：# *unzip filename.zip*。

也可以使用 zip 命令同时处理多个文件和目录，方法是将被压缩的文件都添加在 file 后面，并用空格间隔，例如：# *zip -r file.zip file1 file2 file3 /usr/work/school*。

上面的命令把 file1、file2、file3 及/usr/work/school 目录的内容（假设这个目录存在）压缩起来，然后放入 file.zip 文件中。

9. 查看用户行为

对于系统管理员来说，做好系统监视和进程管理是一项非常重要的工作。一个良好的系统。不但要求系统安全性高，而且要求稳定性更佳，这样系统用户使用时才会更放心。

在多用户的系统环境中，每个用户都能执行不同的程序，可以查看哪些用户登录系统以及这些用户的系统操作。

（1）使用命令 *w* 查看当前用户的系统行为，如图 2-20 所示。

第一行共有 4 个字段，其含义如下：

① 系统当前的时间："09:39:54"表示执行命令 w 的时间。

图 2-20　查看当前用户行为

② 系统启动后经历的时间："1:03"表示该系统已经运行 1 小时 3 分钟。

③ 当前登录系统的用户总数："2 users"表示当前有 2 位用户登录系统。

④ 系统平均负载指示："load average"分别表示系统在过去的 1 分钟、5 分钟和 10 分钟的平均负载程度，其值越小，系统负载越小，系统性能越好。

第二行共有 4 个字段，其含义如下：

① USER：显示登录的用户账户。

② TTY：用户登录的终端号。

③ FROM：显示用户从何处登录。

④ LOGIN：表示用户登录系统的时间。

⑤ IDLE：表示用户闲置的时间。

⑥ JCPU：表示该终端所有相关的进程执行时所消耗的 CPU 时间。

⑦ PCPU：表示 CPU 执行程序消耗的时间。

⑧ WHAT：表示用户正在执行的程序名称。

（2）使用命令 *who* 查看当前有哪些用户登录，如图 2-21 所示。

如果需要了解更详细的信息，则使用命令 *who –u*。

（3）使用命令 *last* 查看曾经登录系统的用户，如图 2-22 所示。

图 2-21　查看当前登录系统用户

图 2-22　查看曾经登录系统用户

10. 监视系统状态

系统中的每位用户都能执行多个程序，每个程序又可能分成多个进程执行，如果某些进程占用大量的服务器系统资源，就会造成服务器负载过重。因此，作为一个优秀的系统管理员，必须了解系统中最消耗 CPU 资源的进程，以维持服务器系统的整体性能，随时监视服务器的状态是管理员的一项重要工作。

（1）命令行界面中监视系统状态

使用命令 *top* 显示监控系统的资源，包括内存、交换分区和 CPU 的使用率等，如图 2-23 所示。

图 2-23 使用 top 命令查看系统资源

top 命令会定期更新显示内容，默认选项是根据 CPU 的负载来进行排序的，在图 2-23 中，第一行各字段的意义与 w 命令相同，第二行表示所有进程的执行情况，第三行表示 CPU 的使用情况，第四行表示内存的使用情况，第五行表示交换分区的使用情况，其他内容表示正在执行的进程列表。

如果希望按照内存使用率来排序，则按【M】键。如果希望按照执行时间来排序，则按【T】键。如果想终止 top 命令，则按【Q】键。

执行 top 命令时，将监视系统用户的全部进程，如果只想监控某位特定的用户，则按【u】键，在 top 信息中出现 "Which User（Blank for All）" 提示语句，输入想监视的用户名即可。

如果发现某个进程占用了太多的系统资源，或是用户超权执行了程序，可从 top 列表中直接将其删除。输入 k，在 top 信息中出现 "PID to kill" 提示语句，输入要删除的 PID（进程标识符），如图 2-24 所示，按【Enter】键就可以删除了。一般来说，输入信号代码的默认值是 15，遇到特殊的进程可输入信号代码 9 将其删除。管理员可以删除任何进程，每个用户仅能删除属于自己的进程，无法删除其他用户的进程。

图 2-24 删除指定进程

（2）图形化界面中监视系统状态

使用 top 命令可以查看系统中每个进程的 CPU 使用情况，也可以采用图形化界面的系统监视器，使得系统管理员可以方便地监视整个系统运行状态。

① 选择 "应用程序" | "系统工具" | "系统监视器"，打开 "系统监视器" 窗口，该窗口有 "系统" "进程" "资源" 和 "文件系统" 4 个选项卡，其中 "系统" 选项卡内容如图 2-25 所示。在该窗口中显示计算机名称、操作系统版本信息、硬件信息和系统状态。

② 在 "系统监视器" 窗口，单击 "进程" 按钮，出现如图 2-26 所示的 "进程" 选项卡，在该窗口中，可以查看所有进程的情况。

图 2-25 "系统"选项卡

图 2-26 "进程"选项卡

③ 在"系统监视器"窗口，单击"资源"标签，出现如图 2-27 所示的"资源"选项卡，可以查看 CPU 历史、内存和交换历史、网络历史等信息。

④ 在"系统监视器"窗口，单击"文件系统"标签，出现如图 2-28 所示的"文件系统"选项卡，可以查看当前系统的分区及使用情况。

图 2-27 "资源"选项卡

图 2-28 "文件系统"选项卡

11. 管理进程

（1）命令行界面中管理进程

① 使用命令 *ps* 查看系统中执行的进程，如图 2-29 所示。

图 2-29 查看进程

在图 2-29 中，PID 表示进程标识符，这是进程的唯一标识；TTY 表示用户使用的终端代号；TIME 表示进程所消耗的 CPU 时间；CMD 表示正在执行的程序或命令。

命令解释——ps：

功能：查看系统的进程。

命令格式：ps ［参数］

主要参数：

-a：显示当前控制终端的进程。

-u：显示进程的用户名和启动时间等信息。

-x：显示没有控制终端的进程。

-l：按长格式显示输出。

-e：显示所有的进程。

② 使用命令 *ps –u* 或者 *ps –l* 查看进程较详细的信息，如图 2–30 所示。

图 2–30　查看进程详细信息

③ 使用命令 *ps–aux* 查看后台正在执行的进程，如图 2–31 所示。

图 2–31　查看后台执行的进程

④ 由于参数–aux 会列出所有的进程，因而不容易找到特定的进程，可以将其和命令 grep 配合使用，例如显示 smb 进程，使用命令 *ps –aux | grep smb*，执行结果如图 2–32 所示。

图 2–32　查询 smb 进程

命令解释——grep：

功能：查找文件中包含有特定字符串的行。

命令格式：grep [参数] 要查找的字符串 文件名

主要参数：

–v：列出不匹配的行。

–c：对匹配的行计数。

–l：只显示包含匹配模式的文件名。

⑤ 删除某个进程使用命令 kill，首先使用命令 *ps* 列出进程，然后找到希望删除进程的 PID 816，输入命令 *kill 816*，如图 2–33 所示。

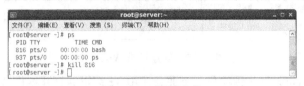

图 2–33　删除进程

（2）图形化界面中管理系统日志

系统的日志文件不仅可以让管理员了解系统状态，在系统出现问题时也可以方便地分析原因，它记录着系统运行的详细信息，例如常驻服务程序发生问题或用户登录错误等信息都可以被记录下来。所以，管理日志文件对系统管理员来说是一项非常重要的任务。

选择"应用程序"|"系统工具"|"ksystemlog"，打开系统日志窗口，如图 2–34 所示。

图 2–34　系统日志查看器窗口

在该窗口中，看到系统包含了很多日志文件：系统日志、内核日志、认证日志、守护进程日志和 X.org 日志等。通过监视各项日志，可以维护系统安全。

2.3.2　Vi 编辑器

系统管理员的重要工作之一是修改与设定服务器的配置文件，因此必须熟悉至少一种文本编辑器。所有的 Linux 发行版本都内置有 Vi 文本编辑器。Vi 编辑器不像 Word 或 WPS 那样可以对字体、格式、段落等进行编排，它只是一个文本编辑程序，没有菜单，只有命令。下面通过对文件 man.config 进行操作，来熟悉掌握 Vi 编辑器的使用。

（1）创建文件目录/Vitest，进入该目录当中。

执行命令 *mkdir /Vitest*，然后执行 *cd /Vitest*，如图 2-35 所示。

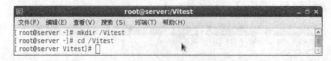

图 2-35　创建目录/Vitest

（2）将/etc/man.config 复制到本目录下面，使用 Vi 编辑器打开本目录下的 man.config 文件。

执行命令 *cp /etc/man.config .*，然后执行 *vi man.config*，如图 2-36 所示。

图 2-36　复制文件 man.config

（3）在 Vi 中设定行号，移动到 45 行。

输入命令 *set nu*，在文本编辑器中左侧出现表示行号的数字，然后执行命令 *45G*，即可移动到 45 行，如图 2-37 所示。

（4）移动到第 1 行，并且向下查找 bzip2 这个字符串，请问它在第几行？

首先执行 *1G*，移动到第 1 行，然后执行*/bzip2*，查找到含有 bzip2 字符的行，在 137 行，如图 2-38 所示。

图 2-37　设置行号并移动到 45 行　　　　图 2-38　向下查找 bzip2 字符串

（5）将 50～80 行之间的 man 字符串修改为 MAN 字符串，并且一个一个挑选是否需要修改，如何下达命令？如果在挑选过程中一直按【y】键，结果会在最后一行出现改变了几个 man 呢？

执行 *50,80s/man/MAN/gc* 命令，如图 2-39 所示，即将 50～80 行的 man 用 MAN 代替，每次替换都会询问是否替换，输入"y"表示替换，最后出现"21 substitutions on 19 lines"表示在 19 行中共替换了 21 个。

（6）修改之后突然反悔了，要全部恢复，有哪些办法？

简单的恢复操作可以一直按【u】键，即可撤销操作，也可以执行命令 *! q*，不保存文件。

（7）要复制 35～44 行这 10 行的内容，并且粘贴到最后一行之后。

先执行命令 *35G*，然后执行命令 *10yy*，最后一行出现"10 lines yanked"，即复制 10 行，如图 2-40 所示，接着按【G】键到最后一行，再按【p】键，则粘贴了 10 行。

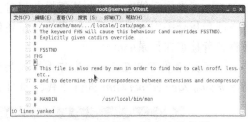

图 2-39　使用 MAN 替换 man 字符串　　　　图 2-40　复制 10 行内容并粘贴

（8）删除 21～40 行。

先执行命令 *21G*，然后执行命令 *20dd*，则删除 20 行。

（9）将这个文件另存成一个文件 man.config.bak。

执行命令 *w man.config.bak*，则文件被另存为 man.config.bak，在文件结尾出现"man.config.bak" [New]提示，如图 2-41 所示，表示创建了一个新文件 man.config.bak。

（10）去到第 29 行，并且删除 15 个字符。

执行命令 *29G*，然后执行命令 *15x*，删除了 15 个字符。

（11）在第一行新增一行，该行内容输入"我最喜欢 Vi 编辑器"，存盘离开。

执行命令 *1G*，按大写的【O】键，即在第一行新增一行，使用【Ctrl+空格】组合键切换输入法为智能拼音，输入内容"我最喜欢 Vi 编辑器"，如图 2-42 所示，然后按【Esc】键，转换为命令模式，在执行命令 *wq* 存盘离开。

图 2-41　另存文件 man. config. bak　　　　图 2-42　输入内容并保存

2.3.3　安装软件

公司的计算机安装了 Linux 操作系统，为了架设 FTP 服务器并提供服务功能，首先要进行 FTP 服务器软件安装。目前，最安全、最高效的 FTP 服务器软件是 vsftpd。在本任务中，将采取三种不同的方式进行安装，即以二进制形式发布的 RPM 软件包的安装、以源代码形式发行的软件包的安装和使用 yum 源安装。

1. 安装软件包 vsftpd-2. 2. 2-14. el6. i686. rpm

用程序的源代码进行安装，由于可以阅读、编辑源代码，对安装者来说有很大的自由度。但该方式需要安装者有一定的程序基础，同时很多软件的安装说明都是英文的，初学者掌握起来有一定的难度。很多情况下，安装方式的简化比安装的自由度更重要。Red Hat 公司的 RPM（Red Hat Package Manage）软件包管理器是一个可以进行软件安装、卸载、查询、升级、验证的强大工具，同时也是组织应用程序和软件的一种简单形式。该工具既可以在命令行界面中使用，也可以在图形化界面使用。

（1）挂载光驱，准备软件包

在 Linux 操作系统中，每个外部设备都对应一个设备文件名，需要挂载后才能使用。每个设备都与目录关联，只要不访问目录，设备就不会被访问，提高系统运行速度。用户一般习惯将光盘挂载在目录/mnt 中。

① vsftpd 软件存放在 Linux 操作系统安装光盘中，将光盘放入光驱后，在"终端"中输入命令 *mount /dev/cdrom /mnt* 进行挂载，如图 2-43 所示。

图 2-43　挂载光驱

使用命令 *ls /mnt* 查看光盘内容，如图 2-44 所示。

图 2-44　使用 ls 查看光盘内容

挂载成功后，会自动弹出光盘内容，同时桌面上还会出现一个光盘图标 ，也可以使用该图标来卸载和弹出光盘。

命令解释——mount：

格式：mount　　-t <文件系统类型>　-o <选项>设备名　挂载点

运行该命令要注意以下几个方面：

a. 文件系统类型。在挂载设备时，文件系统一般都能自动识别，所以 t 参数可以省略，只有文件系统不能被自动识别时，才使用这个参数。文件系统挂载 Windows FAT32 的介质，文件系统类型是 vfat，如将 Windows 分区 hda2 挂载到目录/mnt/c 的命令是：

```
mount -t vfat /dev/hda2 /mnt/c
```

Windows 操作系统中的 NTFS 文件系统在 Linux 中不能自动识别，需要重新编译内核。光盘的数据格式是 iso9660 和 udf，大部分光盘格式是 iso9660，只有可擦些光盘的格式是 udf。挂载光盘时指定格式的命令是：

```
mount -t iso9660 /dev/cdrom /mnt/cdrom
```

参数 t 可以省略。

b. 选项。不同的文件系统具有不同的选项，Windows 文件系统常用的挂载选项是 iocharset = <charset>，这个选项的作用是设置文件系统的字符编码为中文，即 gb2312 和 utf8。

如果挂载的设备有中文，使用命令：

```
mount -t vfat -o iocharset=gb2312 /dev/cdrom /mnt/cdrom
```

或者：

```
mount -t vfat -o utf8 /dev/cdrom /mnt/cdrom
```

常用移动介质挂载选项：

rw/ro：读写/只读模式，适用于所有类型，如命令 *mount /dev/floppy /mnt/floppy –o ro* 挂载软盘后的权限是只读模式。

uid=<user name/uid>,gid=<group name/gid>：为挂载点目录指定属主和组身份，命令 *mount /dev/sdb2 /b –o uid=rose,gid=rose* 的作用是将分区 sdb2 挂载到目录 b 上，并且指定属主和组是 rose，这个目录默认是属于运行这个命令的用户和组，如果是 root 用户运行该命令，就属于 root 用户和 root 组。

c. 设备。Linux 中常用的外围设备名有：

光驱（IDE）/dev/cdrom。

光驱（SCSI）　/dev/scdN（N = 0，1…）。

硬盘（IDE）/dev/hdX（X = a，b…）。

硬盘（SCSI）　/dev/sdX（X = a，b…）。

U 盘　　　　　/dev/sdX（X = a，b…）。

例如，挂载 U 盘的命令可以使用命令 *mount /dev/sda1 /mnt/usb*。

d. 挂载点。设备的挂载位置称为挂载点，挂载点的目录必须存在，如果不存在，使用命令 *mkdir* 进行创建。

② 使用命令 *df* 或 *du* 查看分区挂载情况，如图 2-45 所示，最后一行就是光驱的挂载情况。

图 2-45　查看分区挂载情况

命令解释——df，du：

命令 df 的功能：检查文件系统的磁盘空间占用情况，可以利用该命令来获取硬盘被占用了多少空间，目前还剩下多少空间等信息。

du 命令逐级进入指定目录的每一个子目录，并显示该目录占用文件系统数据块（1024 B）的情况。若没有给出目录名，则对当前目录进行统计。

两个命令中的常用选项含义如下：

–b：以字节为单位列出磁盘空间使用情况（系统默认以 k 字节为单位）。

–k：以 1024 B 为单位列出磁盘空间使用情况。

–m：以 1 MB 为单位列出磁盘空间使用情况。

③ Linux 操作系统的安装包位于光盘的 Packages 目录下，挂载光驱后使用命令 *cd /mnt/Packages* 进入 vsftpd 软件所在目录，使用命令 *ls | grep vsftpd* 找到 vsftpd–2.2.2–14.el6.i686.rpm 安装包，如图 2-46 所示。

图 2-46　准备 vsftpd 软件包

④ 如果需要更换一张光盘，或者不再使用光盘，使用命令 *umount/mmt/cdrom* 卸载光驱，成功后再查看目录/mnt，没有光盘内容，说明卸载成功了，如图 2-47 所示。此处暂不能卸载光驱，因为 vsftpd 程序还没有安装。

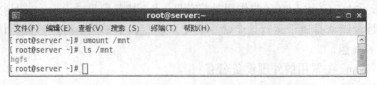

图 2-47　卸载光驱

也可以使用命令 *umount /mnt* 卸载。如果没有卸载，则光盘不允许取出。

（2）安装软件包

选择"应用程序"｜"附件"｜"终端"，使用命令 *rpm -ivh vsftpd-2.2.2-14.el6.i686.rpm* 进行安装，如图 2-48 所示。

图 2-48　安装 vsftpd 软件包

命令解释——rpm：

命令格式：`rpm [ options] file1.rpm file2.rpm…`

常用的参数选项：

-i：安装软件。

-v：表示安装过程中将显示较详细的信息。

-h：显示安装进度。

-U：升级安装。

-e：删除软件包。

-replacepkgs：强制安装软件，替换软件包。假设系统中的软件包已经破坏了，其中一个或多个文件丢失或损毁，如果用户想修复这个软件包，则可以使用该参数进行安装软件。

-replacefiles：强迫安装软件。如果在安装一个新的软件包时，RPM 发现其中某个文件和已安装的某个软件包中的文件名字相同但内容不同，那么 RPM 就会认为这是一个文件冲突，会报错退出。如果用户想忽略这个错误，可使用 replacefiles 选项，指示 RPM 发现文件冲突时，直接替换掉原文件即可。注意：除非用户对所冲突的文件有很深的了解，不要轻易替换文件，以免破坏已安装软件包的完整性，确保其能正常运行。

file1.rpm　file2.rpm…是将要安装的 RPM 包的名称，可以一次安装多个文件。

vsftpd-2.2.2-14.el6.i686.rpm 是软件包名称，大多数 Linux 应用软件包的命名也有一定的规律，它遵循：名称-版本-修正版-类型。该软件的软件名称是 vsftpd，版本号为 2.2.2，修正版本是 14，可用平台是 i686，适用于 Intel 80x86 平台，类型是 rpm，说明是一个 rpm 软件包。

在安装 vsftpd-2.2.2-14.el6.i686.rpm 软件包时，可能会出现如下几种情况：

① 软件包已经安装。如果要安装的文件已经安装，在安装时会出现如图 2-49 所示提示。

图 2-49 已经安装了 vsftpd 软件包

如果用户想安装 RPM 中的最初配置文件，可以使用命令 *-rpm -ivh --replacepkgs vsftpd-2.2.2-14.el6.i686.rpm* 使软件再一次被安装，如图 2-50 所示。

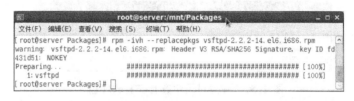

图 2-50　再次安装 vsftpd 软件包

② 软件冲突。如果试图安装的软件包中包含已被另一个软件包或同一软件包的早期版本安装了的文件，则会发生文件冲突，要使 RPM 忽略这个错误，使用 --replacefiles 选项，命令是 *rpm -ivh -replacefile vsftpd-2.2.2-14.el6.i686.rpm*。

③ 删除软件包。删除软件包最简单的命令是带有–e 参数的 rpm 命令。比如，想把刚才安装的的 vsftpd 软件删除，在"终端"中输入命令 *rpm -e vsftpd*。

④ 升级。升级软件包最简单的命令是带有–U 参数的 rpm 命令，如果需要升级刚才安装的 vsftpd 软件包，在"终端"中输入命令 *rpm -Uvh vvsftpd-2.2.2-14.el6.i686.rpm*。RPM 自动删除 vsftpd 软件包的任何老版本后，执行新安装。

⑤ 查询。

使用命令 *rpm -q* 可以查询已安装软件包的信息。

命令解释——rpm –q：

命令格式：rpm -q　[参数]

常用的选项：

–a：查询所有已安装的软件包。

–f <file>：会查询拥有 <file> 的软件包。当指定文件时，必须指定文件的完整路径。

–R 〈packagefile〉：列出〈packagefile〉所依赖的文件。

–I：显示软件包信息，包括名称、描述、发行版本、大小、制造日期、生产商等。

–l：显示和软件包相关的文件列表。

（3）查看软件包是否安装

软件包安装后，在"终端"中输入命令 *rpm -qa| grep vsftpd*，显示已经安装的软件名称是 vsftpd-2.2.2-14.el6.i686，如图 2-51 所示。

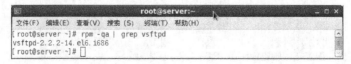

图 2-51　查看安装的 vsftpd 软件包

2. **安装软件包** vsftpd-3.0.2.tar.gz

（1）下载软件包

在步骤 1 中，使用的 RPM 软件包是从安装光盘中获取的，这个软件包不是最新版本的软件包，为了获取最新的软件包，要从互联网上下载以源代码形式发布的软件包，手工进行编译。管理员从互联网上下载了最新的软件包 vsftpd-3.0.2.tar.gz。

（2）解压数据包

使用命令将软件包 vsftpd-3.0.2.tar.gz 复制到主目录/root 中，然后使用命令 *ls* 进行查看，如图 2-52 所示。

图 2-52　在主目录中查看安装软件包

源代码软件以.tar.gz 作为扩展名（或 tar.Z、tar、bz2.tgz）。不同扩展名表示压缩方法不同，使用命令 tar 为文件解压，命令格式为 *tar –xvzf vsftpd-3.0.2.tar.gz*，如图 2-53 所示。

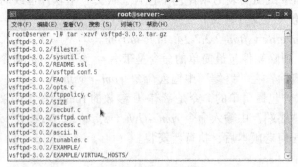

图 2-53　解压软件包

（3）查看解压的数据包

成功解压缩源代码文件后，使用命令 *ls* 查看到当前目录中有一个 vsftpd-3.0.2 文件，使用命令 *cd vsftpd-3.0.2* 进入解压的目录，再次使用命令 *ls* 进行查看，如图 2-54 所示，一般都能发现 README（或 readme）、INSTALL（或 install）。

图 2-54　查看解压的文件

（4）编译软件

一般 xxx.tar.gz 格式的软件大多是通过./confure、make、make install 来安装，有的软件可以直接使用 make、make install 来安装。

make 命令是一个非常重要的编译命令。不管是自己进行项目开发还是安装应用软件，都经常要用到命令 make 或 make install。利用 make 工具，可以将大型的开发项目分解成为多个更易于管理的模块，对于一个包括几百个源文件的应用程序，使用 make 工具可以简洁明快地理顺各个源文件之间纷繁复杂的相互关系。而且如此多的源文件，如果每次都要输入 gcc 命令进行编译，那对程序员来说简直就是一场灾难。而 make 工具则可自动完成编译工作，并且可以只对程序员在上次编译后修改过的部分进行编译。

这个过程需要几分钟时间，具体时间和软件大小和计算机配置有关，编译成功后如图 2-55 所示。

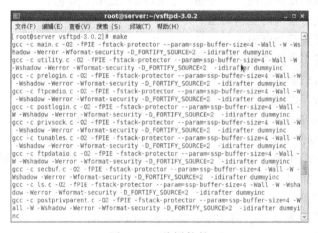

图 2-55　编译软件

（5）安装软件

阅读 Readme 文件和 Install 文件，这两个文件是用来指导软件安装的。然后先取得 root 权限（只有 root 才有权限安装软件），执行命令 *make install* 安装源代码，成功后如图 2-56 所示。

图 2-56　安装软件

（6）查看软件包是否安装

软件默认安装在目录/usr/local 中，使用命令 *which vsftpd* 查看安装路径，如图 2-57 所示。

图 2-57　vsftpd 软件安装路径

也可以使用命令 *rpm -qa| grep vsftpd*。

3. 配置 yum 源，进行软件安装

（1）yum 概述

yum 是一个基于 RPM 包的软件包管理器，能够从指定的服务器上自动下载 RPM 包并且安装，可以自动处理软件包的依赖性关系，并且一次安装所有依赖的软件包。

使用 yum 的优点包括：

① 自动解决包的依赖性问题，并能够添加/删除/更新 rpm 包。

② 便于管理大量系统的更新问题。

③ 可以同时配置多个资源库。

④ 简洁的配置多个资源库（Repository）。

⑤ 保持与 rpm 的数据的一致。

⑥ 有一个比较详细的 log，可以查看何时升级安装了什么软件。

Red Hat 的 yum 在线更新是收费的，如果没有注册不能使用。管理员为了安装方便，将配置本地源，本地源使用 Linux 操作系统的安装光盘，该光盘可以直接在 Linux 操作系统中进行挂载。管理员为了使用更加广泛，利用 VMware 软件，将 Windows 操作系统中的光盘镜像文件通过"共享文件夹"功能挂载到 Linux 操作系统中。

（2）yum 配置文件介绍

yum 客户端常用的配置文件有主配置文件和 REPO 文件。

① 主配置文件/etc/yum.conf。主配置文件默认有以下内容：

```
cachedir=/var/cache/yum/$basearch/$releasever //yum 下载的 RPM 包的缓存目录
keepcache=0      //缓存是否保存，1 表示保存，0 表示不保存
debuglevel=2     //调试级别（共 0~10）
logfile=/var/log/yum.log //yum 的日志文件路径
exactarch=1      //在更新的时候，是否允许更新不同版本的 rpm 包
obsoletes=1      //这是一个 update 的参数，允许更新陈旧的 rpm 包
gpgcheck=1       //是否检查 GPG，一种密钥方式签名
plugins=1        //是否允许使用插件，0 表示不允许，1 表示允许
installonly_limit=3 //允许保留多少个内核包
```

主配置文件在配置本地 yum 时，不需要改动，使用默认值即可。

② PEPO 文件。REPO 文件是 yum 源（软件仓库）的配置文件，通常一个 PEPO 文件定义了一个或者多个软件仓库的细节内容，当使用 yum 安装或者更新软件时，yum 会读取 PEPO 文件，根据文件中的设置访问指定的服务器和目录下载软件包进行安装或者更新。用户可以根据自己的需要自行创建 yun 源。

PEPO 文件存放于/etc/yum.repos.d 目录下，RHEL 系统安装后此目录下默认有三个文件，分别是 packagekit-media.repo、redhat.repo 和 rhel-source.repo。以文件 rhel-source.repo 为例介绍格式：

```
[rhel-source] //用于定义一个 YUM 源，各个源的名称不能重复
name=Red Hat Enterprise Linux $releasever - $basearch - Source
```

//用于指定易读的仓库名称，可以随意命名
baseurl=ftp://ftp.redhat.com/pub/redhat/linux/enterprise/$releasever/e
n/os/SRPMS/ //用于指定本仓库的 URL，可以是以下的三种类型：http、ftp、file，其中
//file 的软件源要在本机上
enabled=0 //可以启用或者进入软件仓库，当值为 0 时，表示禁用软件仓库，当值为 1 时，表
//示启用软件仓库
gpgcheck=1//用于指定是否检查软件包的 GPG 签名
gpgkey=file:///etc/pki/rpm-gpg/RPM-GPG-KEY-redhat-release 用于指定 GPG 签名
//文件的 URL

（3）使用系统镜像文件配置本地 yum 源

首先使用命令 mkdir /media/cdrom 创建挂载目录，再使用命令 mount –t iso9660 –o loop
/dev/cdrom /media/cdrom 进行挂载，如图 2-58 所示。其中，参数 loop 是挂载镜像文件必须使
用的参数。

图 2-58　挂载镜像文件

挂载成功后，使用命令 ls /media/cdrom 可以看到光盘内容，说明挂载成功，如图 2-59 所示。

图 2-59　查看光盘内容

（4）设置开机自动挂载系统镜像文件

每次系统启动都重新挂载镜像文件，比较麻烦，可以修改配置文件/etc/fstab，实现开机
自动挂载该镜像文件。使用命令 vi /etc/fstab 打开配置文件，在末尾添加一行内容：/dev/cdrom
/media/cdrom iso9660 defaults,ro,loop 0 0，如图 2-60 所示。

图 2-60　实现开机自动挂载

（5）创建 yum 本地源

使用命令 touch /etc/yum.repo.d/rhel-media.repo 创建一个 REPO 文件，再使用 Vi 编辑器
打开，创建以下内容，如图 2-61 所示。

```
[rhel-source-media]
name=rhel-media
baseurl=file:///media/cdrom/Packages
enabled=1
gpgcheck=1
gpgkey=file: /// media/cdrom/Packages /RPM-GPG-KEY-redhat-release
```

图 2-61　创建 REPO 文件

（6）清除 yum 缓存

使用命令 *yum clean all* 清除 yum 缓存，如图 2-62 所示。

图 2-62　清除 yum 缓存

（7）缓存本地 yum 源

使用命令 *yum makecache* 缓存本地 yum 源中的软件包信息，如图 2-63 所示。说明本地软件仓库已经建好，可以进行使用了。

图 2-63　缓存本地 yum 源

（8）安装软件

可以使用 yum 命令进行安装软件，如果要安装 FTP 服务器的相关软件，则使用命令 *yum install vsftpd*。

命令解释——yum：

命令格式：yum [options] [command] [package …]

[options]常用选项：

-h：帮助。

-y：当安装过程提示选择全部为"yes"。

-q：不显示安装的过程。

[command]为所要进行的操作。

[package …]是操作的对象。

① 安装。

yum install：全部安装。

yum install package1：安装指定的安装包 package1。

yum groupinsall group1：安装程序组 group1。

② 更新和升级。

yum update：全部更新。

yum update package1：更新指定程序包 package1。

yum check-update：检查可更新的程序。

yum upgrade package1：升级指定程序包 package1。

yum groupupdate group1：升级程序组 group1。

③ 查找和显示。

yum info package1：显示安装包信息 package1。

yum list：显示所有已经安装和可以安装的程序包。

yum list package1：显示指定程序包安装情况 package1。

yum groupinfo group1：显示程序组 group1 信息。

yum search string：根据关键字 string 查找安装包。

④ 删除程序。

yum remove | erase package1：删除程序包 package1。

yum groupremove group1：删除程序组 group1。

yum deplist package1：查看程序 package1 依赖情况。

⑤ 清除缓存。

yum clean packages：清除缓存目录下的软件包。

yum clean headers：清除缓存目录下的 headers。

yum clean oldheaders：清除缓存目录下旧的 headers。

yum clean，yum clean all (= yum clean packages; yum clean oldheaders)：清除缓存目录下的软件包及旧的 headers。

2.4　项 目 总 结

本项目学习了文件系统，要求了解文件系统类型，能够熟练使用 Linux 操作系统常用命令，能够管理进程，能够使用 Vi 编辑器，掌握 Vi 编辑器各种模式以及每种模式下的命令使用，能够安装不同格式的软件包。

2.5　项 目 实 训

1. **实训目的**

（1）掌握 Linux 操作系统常用命令。

（2）使用 Vi 编辑器。

（3）能够安装软件。

2. **实训环境**

（1）Linux 服务器。

（2）Windows 客户机。

3. **实训内容**

（1）在/home 子目录下建立如图 2-64 所示的目录结构。

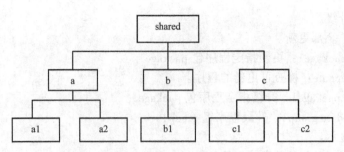

图 2-64 建立目录结构

（2）清屏。

（3）在 b 目录下建立两个文件 test1 和 test2，文件内容自己确定。

（4）将 test1 和 test2 合并成 test3，并查看合并后文件的内容。

（5）查看文件 test2 的权限，并将 test2 的权限修改为 755，并查看结果。

（6）将 test3 复制到 a1 子目录中，并查看操作结果。

（7）将 b 目录中的文件 test1 移动到目录 c1 中，文件改名为 test，并查看操作结果。

（8）删除空目录 a2，删除非空目录 c1，并查看操作结果。

（9）删除 b 目录中的 test3 文件，并查看操作结果。

（10）备份目录/root 到/home 下，生成备份文件 beifen.tar，查看文件大小。

（11）压缩备份文件 beifen.tar，查看压缩后文件的大小。

4. 实训要求

实训分组进行，可以 2 人一组，小组讨论，确定方案后进行讲解；教师给予指导，全体学生参与评价。

5. 实训总结

完成实训报告，总结项目实施中出现的问题。

2.6 项 目 练 习

一、选择题

1. cd /etc 命令的含义是（　　　　）

    A. 改变文件属性　　　　　　　　B 改变当前目录为/etc，即进入到/etc 目录

    C. 压缩文件　　　　　　　　　　D. 建立用户

2. 超级用户 root 当前所在目录为：/usr/local，输入 cd ~命令后，用户当前所在目录为（　　　）。

    A. /home　　　　B. /root　　　　C. /home/root　　　　D. /usr/local

3. 已知某用户 stud1，其用户目录为/home/stud1。如果当前目录为/home，进入目录/home/stud1/test 的命令是（　　　）。

    A. cd test　　　B. cd /stud1/test　　　C. cd stud1/test　　　D. cd home

4. 要删除目录/home/user1/subdir 连同其下级目录和文件，不需要依次确认，正确命令是（　　　）。

    A. rpm –P /home/user1/subdir　　　　B. mkdir –p -f　/home/user1/subdir

    C. ls –d -f　/home/user1/subdir　　　　D. rm –r -f　/home/user1/subdir

5. 使用 PS 获取当前运行进程的信息时，输出内容 PID 的含义为（　　　）。

    A. 进程的用户名 　　　　　　　　B. 进程调度的级别

    C. 进程的 ID 号 　　　　　　　　D. 子进程的功能号

6. 查看系统中所有的进程的命令是（　　　）。

    A. ps all 　　　　B. ps -aix 　　　　C. ps -auf 　　　　D. ps -aux

7. RHEL 6.x 操作系统的默认文件系统是（　　　）。

    A. ext3 　　　　B. ext4 　　　　C. auto 　　　　D. NTFS

8. 执行命令 chmod o+rw file 后，file 文件的权限变化为（　　　）。

    A. 同组用户可读写 file 文件 　　　　B. 所有用户都可读写 file 文件

    C. 其他用户可读写 file 文件 　　　　D. 文件所有者可读写 file 文件

9. 若要改变一个文件的拥有者，可以通过命令（　　　）来实现。

    A. chmod 　　　　B. chown 　　　　C. usermod 　　　　D. rm

10. 光盘所使用的文件系统类型为（　　　）。

    A. ext3 　　　　B. ext4 　　　　C. ISO 9660 　　　　D. swap

11. 使用（　　　）命令把两个文件合并成一个文件。

    A. cat 　　　　B. grep 　　　　C. cp 　　　　D. mv

二、填空题

1. Vi 编辑器的三种模式是_____、_____和_____。

2. 查看文件 file 的内容的命令是_____。

3. 将文件 1.txt 复制为文件 2.txt 的命令是_____。

4. 将 mn.txt 文件更名为 mm.txt 的命令是_____。

5. 查看当前系统登录的用户的命令是_____。

6. 查看当前用户所在目录的命令是_____。

项目 2

管理文件系统

项目③

→ 管理组群和用户

当今社会，随着无纸化办公的普及，每个企业的信息资料都存储在企业的计算机中，为了保证信息的安全性，管理员必须对企业的用户和组群进行管理，针对不同的用户身份赋予不同的访问权限，以保证信息资源的安全。

3.1 项 目 描 述

某公司网络管理员负责为公司管理组群和用户，公司名称为 lnjd，有部门财务部、人事部和销售部，建立组群 cw、rs 和 xs，部门结构如图 3-1 所示。

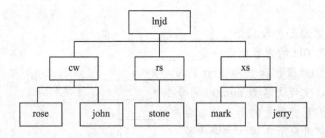

图 3-1 公司目录结构

公司的计算机安装了 Linux 操作系统，Linux 是一个多用户、多任务的网络操作系统，账号管理对系统管理员来说是一项非常重要的工作。通过对用户、组群的账号管理，可以为它们分配不同的资源使用权限，以确保用户对系统资源的安全使用。进行组群和用户管理，管理员可以采用文本方式和图形化工具管理方式。

3.2 相 关 知 识

3.2.1 组群概述

Linux 作为一个多用户的操作系统，首先系统要标识所有登录计算机的用户的身份（用户指登录系统并使用系统资源的每个人），其次还要控制每个用户对不同资源的访问权限。为了简化系统管理的难度，Linux 采用了组群（group）的策略，组群是具有相同性质用户的一个集合。其工作过程是首先为组群（group）分配不同的资源访问权限，然后把用户加入这些组群中，最终实现用户对资源的各种不同访问权限。一个用户可以分属于多个不同组群。

3.2.2 账号概述

在安装 Linux 系统时，至少需要创建 2 个账号，一个为根（root）用户，另一个为普通用户，用户名可以用任何合法 Linux 名称，其他的管理用户账号（如 mail、bin 等）被自动设置。

对于每一个使用 Linux 系统的用户，必须拥有一个独一无二的账号。账号为每一个用户提供安全保存文件的地址和使用界面的方法（GUI、路径、环境变量等），一个用户一般只有一个账号，在不同的工作环境下，也可以使用不同的账号登录系统。此时系统把不同账号认为不同用户。

Linux 用户可以分成三组，分别是超级用户、系统用户和普通用户，所有用户和密码都通过/etc/passwd 配置。

（1）超级用户，又称根用户（root），对 Linux 系统具有完全的控制权限，它可以打开所有文件或运行任何程序，也能安装应用程序和管理其他用户的账号。对系统进行管理以及相应的设置必须使用根用户。根用户登录时一定要小心，错误的操作可能对系统造成不可修复的损害。

（2）系统用户，又称虚拟用户。与真实用户不同，这类用户是系统用来执行特定任务的，不具有登录系统的能力，如用户 ftp、mail、nobody、bin 和 adm 等。这类用户都是系统自身拥有的，一般不需要改变其默认设置。

（3）普通用户。系统安装后由超级用户创建，能登录系统。这类用户权限有限，只能操作其拥有权限的文件和目录，通常是自己的 home 目录中的文件，只能管理自己启动的进程。

3.3 项 目 实 施

3.3.1 使用文本方式管理组群和用户

1. 建立组群 cw、xs 和 rs，并且查看结果

（1）使用命令 *groupadd* 建立组群 cw、rs 和 xs，如图 3-2 所示。

图 3-2 添加组群

命令解释——groupadd：

功能：向系统添加组群。

格式：`groupadd [参数] group-name`

参数选项：

−g gid：组群的 GID，它必须是独特的，且大于 499。

−r：创建小于 500 的系统组群。

−f：若组群已存在，退出并显示错误（组群不会被改变）。

group-name 是唯一必须的参数，表示添加的组群的名称，其他项是可选的。当组群名称被添加时，组群的 GID 号（默认大于 500）被创建。

（2）使用命令 *cat /etc/group* 查看建立组群结果，如图 3-3 所示。

图 3-3　查看 group 内容

group 文件记录的是每一个组群的资料。每个组群包括 4 栏，中间用 "：" 分开，格式如下：

① 组群名称：如 root、ljh 等。

② 组群密码：设置加入组群的密码。一般情况下不使用。

③ GID：组群号码：每个组群拥有的一个唯一的身份标识。

④ 组群成员：记录了该组群的成员，可以按要求把用户加入相对的组群。

用户可以属于 Vi 编辑器直接编辑配置文件/etc/group，添加组群用户。

（3）使用命令 *cat /etc/gshadow* 查看组群加密配置文件，如图 3-4 所示，指定相应组群的加密密码和特定组群的管理员权限。

图 3-4　查看 gshadow 的内容

内容由 "：" 分为 4 栏，每一栏含义如下：

① Group name：组群的名称。

② Password：加密密码，可以使用 gpasswd 命令增加。

③ Group administrator：组群管理员，可以管理组群中用户。

④ Group members：包括同一组群中其他成员的用户名。

⑤ 删除组群使用 groupdel 命令，如删除组群 cw，使用命令 *groupdel cw*。

⑥ 修改用户组群的属性使用命令 groupmod，可以对组群的名称和 GID 进行修改，格式为 *groupmod* [参数] *group-name*。

option 参数选项：

-g gid：组群的 GID，它必须是独特的，且大于 499。

-n：组群名。

如将组群 cw 的组群名修改为 caiwu，GID 修为 520，使用命令 *groupmod -n caiwu -g 520 cw*。

2. 建立用户并查看结果

在组群 cw 中建立用户 rose 和 john，在组群 rs 中建立用户 stone，在组群 xs 中建立用户

mark 和 jerry。

（1）使用命令 *useradd* 或 *adduser* 在组群 cw 中建立用户 rose 和 john，在组群 rs 中建立用户 stone，在组群 xs 中建立用户 mark 和 jerry，如图 3-5 所示。

图 3-5　添加用户

命令解释——useradd：

功能：创建一个锁定的用户账号，设置密码后被激活。

格式为：useradd　[option]　name

常用的 option 选项：

-c comment：用户信息的注释。

-d home-dir：设置用户主目录，默认为 /home/username。

-e date：被停用账号的日期，格式为 YYYY-MM-DD。

-f days：密码过期后，账号禁用前的天数（0 表示账号在密码过期后立刻禁用，-1 表示密码过期后账号将不会被禁用）。

-g group-name：设置用户起始组群（该组群在指定前必须存在）。

-G group-list：用户所属的组群，用逗号分隔（组群在指定前必须存在）。

-m：若主目录不存在则创建它。

-n：不要为用户创建用户私人组群。

-r：创建一个 UID 小于 500 的不带主目录的系统账号。

-p password：使用 crypt 加密的密码。

-s：用户的登录 shell，默认为 /bin/bash。

-u uid：用户的 UID，它必须是独特的，且大于 499。

（2）使用命令 *passwd* 为所有用户设置密码，如图 3-6 所示。

图 3-6　为用户设置密码

为用户设置密码时，需要使用强密码，如果密码长度少于 6 位、字符过于规则、字符重复率太高或者是字典单词，系统都会提示用户这样的密码不安全。

密码长度的设置在配置文件/etc/login.defs 文件中进行设置，使用命令 *cat /etc/login.defs* 查看文件的内容，如图 3-7 所示。

```
MAIL_DIR      /var/spool/mai
PASS_MAX_DAYS    99999
PASS_MIN_DAYS    0
PASS_MIN_LEN    5
PASS_WARN_AGE 7
UID_MIN  500
UID_MAX  60000
GID_MIN  500
GID_MAX  60000
CREATE_HOME yes
```

图 3-7   配置文件 login.defs 内容

① `MAIL_DIR  /var/spool/mai`

创建用户时，要在目录/var/spool/mail 中创建一个用户 mail 文件。

② `PASS_MAX_DAYS  99999`

用户的密码不过期的最长时间是 99999 天。

③ `PASS_MIN_DAYS  0`

密码修改之间的最少天数是 0 天，即表示可以随时修改密码。

④ `PASS_MIN_LEN  5`

用户的密码最短的长度是 5 个字符。

⑤ `PASS_WARN_AGE 7`

提前 7 天警告用户密码将过期。

⑥ `UID_MIN 500`

最小的用户标识符（UID）是 500，也就是添加用户时，UID 从 500 开始。

⑦ `UID_MAX 60000`

最大的 UID 是 60000。

⑧ `GID_MIN 500`

GID 从 500 开始。

⑨ `GID_MAX 60000`

最大的 GID 是 60000。

⑩ `CREATE_HOME  yes`

在创建用户时，给用户创建用户主目录。

（3）使用命令 *cat /etc/passwd* 查看建立用户结果，如图 3-8 所示。

图 3-8   查看 passwd 内容

passwd 文件每行表示一个账号资料，可以看到文件中有 root 以及新增的 rose、john 等账号，还有系统自动建立的标准用户 bin、daemon、mail 等。每一个账号都有 7 栏，栏之间用

"："分隔，格式为：

账号名称：密码：UID：GID：个人资料：主目录：默认 shell

① 账号名称：登录系统时使用的名称。

② 密码：登录密码。该栏如果是一串乱码，表示密码已经加密；如果是 X，表示密码经过 shadow passwords 保护，所有密码都保存在了/etc/shadow 文件内。

③ UID：（user id）用户身份号码：用来标识用户的账号，每个用户有自己唯一的 UID，root 的 UID 为 0，1~100 被系统的标准用户使用，新加的用户 UID 默认从 500 开始。

④ GID：（group id）组群号码，每个用户账号都会属于至少一个组群。同一组群的用户，其组群号相同。

⑤ 个人资料：有关个人的一些信息，如电话、姓名等。

⑥ 主目录：用户的主目录。通常是/home/username。

⑦ 默认 shell：用户登录后使用的 shell，预设为 bash。

⑧ 可以使用命令 id 查看账号信息，输入命令 *id 用户名*，将显示指定用户的 UID、GID 和用户所属组群的信息。省略用户名时显示当前用户的相关信息。

显示用户 rose 和 root 的账号信息，如图 3-9 所示。

图 3-9 查看用户信息

（4）用户配置有关的另一个文件是/etc/shadow，它主要是为了增加密码的安全性，默认情况下这个文件只有根用户可以读取，可以用 root 登录，然后用 *cat /etc/shadow* 命令显示文件内容，如图 3-10 所示。

图 3-10 查看 shadow 文件的内容

每个用户目录有 8 列，每列的含义如下：

① username：用户登录名称。

② password：用 MD5 加密后的密码。

③ numbers of days：上次密码的更改时间，从 1970 年 1 月 1 日起。

④ minimum password life：不更改密码的最短时间，即密码必须在所给时间过去后才更改。

⑤ maximum password life：不更改密码的最长的时间，即密码必须在所给时间过去后更改。

⑥ warning period：在密码到期前多少天，系统提出警告。

⑦ disable account：密码到期后多少天，不能登录系统。

⑧ account expiration：到该日期之前必须使用账号，否则不能登录

当为系统添加新用户时，新生成的用户的基本参数在没有指定情况下，从/etc/login.Defs文件中读取，包括 E-mail 目录、密码寿命、用户 ID 和组群 ID，以及生成主目录的设置等。

3. 注销用户

注销当前用户，使用用户 mark 登录，登录成功后再切换到 root 用户。

（1）使用用户 mark 登录后使用命令 *whoami* 查看当前登录用户是 mark，如图 3-11 所示。

图 3-11　查看当前登录用户

（2）使用命令 *pwd* 查看当前工作目录是/home/mark，如图 3-12 所示。

图 3-12　查看当前工作目录

（3）使用命令 *ls –ld /home/mark* 查看该工作目录的权限是 700，即文件所有者具有全部权限，同组群的用户和其他用户是不能访问的，如图 3-13 所示。每个用户登录时默认都是进入自己的 home 目录，也要养成将用户个人的文件存放于用户的 home 目录中的习惯，不要任意存放，以方便管理。

图 3-13　查看/home/mark 目录权限

（4）使用用户账户 mark 登录成功后使用命令 *su –*，输入 root 用户的密码后即可切换到root 用户，如图 3-14 所示。

图 3-14　切换用户

命令解释——su：

为了保证系统安全，Linux 系统管理员通常以普通用户身份登录系统，当要执行必须有root 用户权限的操作时，再切换到 root 用户。要进行用户切换，可以使用命令 su 实现。

命令格式：su [-] 用户名

如果省略用户名，则切换到 root 用户，否则切换到指定用户，该用户必须是系统中已存在的用户。root 用户切换为普通用户时不需要密码，普通用户切换到其他用户时需要输入被转换用户的密码，切换之后就拥有该用户的权限。使用 exit 命令可返回原来的用户身份。

如果使用"-"选项，则用户切换为新用户的同时使用新用户的环境变量，一个主要的变化在于命令提示符中当前工作目录被切换为新用户的主目录，这是由新用户的环境文件决定的。

4. 停用用户账号

使用 Vi 编辑器，打开配置文件/etc/passwd，将用户 john 配置行前加上"#"注释起来，该账号就停用了。

也可以使用命令 *passwd -l mark* 锁定用户 mark，如图 3-15 所示，用命令 *passwd -u mark* 解锁用户，如图 3-16 所示。

图 3-15　锁定用户

图 3-16　解锁用户

5. 删除用户

使用命令 *userdel jerry* 删除用户 jerry，并且使用命令 *cat /etc/passwd* 查看结果，发现用户 jerry 已经不存在了，如图 3-17 所示。

图 3-17　删除用户 jerry

6. 删除用户的主目录

用户 jerry 删除后，该用户的主目录没有被删除，使用命令 *ls /home* 看到目录 jerry 仍然存在，使用命令 *rm –r /home/jerry* 删除目录及目录下所有文件，如图 3-18 所示。

图 3-18　删除 jerry 目录

也可以在删除用户时使用参数 r，就可以删除用户主目录及主目录下所有的文件，执行命令是 *userdel –r jerry*。

7. 设置用户属性

将项目 2 中创建的文件/lnjd/cw/sales15 的属组设置为 cw，属主设置为用户 john。

使用命令 *chown john.cw /lnjd/xs/sales15* 将文件 sales15 的权限赋值给 cw 组群和 john 用户，如图 3-19 所示。文件 sales15 原来的属主和属组是 root，修改后属主是 john，属组是 cw。

图 3-19　修改文件所属用户和组群

命令解释——chown、chgrp:

chown 命令的功能：改变文件属主和属组。

格式：`chown <指定的属主>.<指定的属组> <文件名>`

chgrp 命令的功能：改变文件属组。

格式：`chgrp <指定的属组> <文件名>`

3.3.2　使用图形化工具管理组群和用户

在 shell 下用命令形式管理用户和组群比较麻烦。Linux 还提供了另外一种图形界面的管理形式，通过用户管理器来管理用户和组群。

1. 创建组群

创建三个组群，名称分别是 cw、rs 和 xs。

单击"系统"|"管理"|"用户和组群"，打开"用户管理者"窗口，单击"添加组群"按钮，出现如图 3-20 所示的对话框，输入组群名分别为 cw、rs 和 xs。

查看某一现存组群的属性，从组群列表中选择该组群，然后在按钮菜单中单击"属性"，弹出如图 3-21 所示的窗口。

图 3-20　创建组群　　　　　　　　　图 3-21　组群属性

"组群用户"选项卡显示了哪些用户是组群成员。选择其他用户来把他们加入组群中，取消选择用户就会把它们从组群中删除。最后单击"确定"按钮保存修改。

2. 创建用户

在组群 cw 中建立用户 rose 和 john，在组群 rs 中建立用户 stone，在组群 xs 中建立用户 mark 和 jerry。

（1）添加用户

在"Red Hat 用户管理器"中，单击"添加用户"按钮，出现如图 3-22 所示的窗口，分别添加用户 rose、john、mark、jerry 和 stone。

在适当的字段内输入新用户的用户名和全称。在"密码"和"确认密码"字段内输入密码（密码必须至少有 6 个字符，尽量选择比较健壮的密码）。选择登录 Shell、主目录，默认 Shell 为/bin/bash，默认主目录是 /home/user。可以改变用户主目录，也可以取消选择"创建主目录"。如果选择了创建主目录，默认的配置文件就会从/etc/skel 目录中复制到新的主目录中。

Red Hat Linux 使用用户私人组群（user private group，UPG）方案。每当创建一个新用户的时候，一个与用户名相同的私有组群就会被创建。如果不想创建这个组群，取消选择"为该用户创建私人组群"复选。

要为用户指定用户 ID，选择"手动指定用户 ID"复选框。如果这个没有被选中，从号码 500 开始后的下一个可用用户 ID 就会被分派给新用户。Red Hat Linux 把低于 500 的用户 ID 保留给系统用户。单击"确定"按钮来创建该用户。

（2）修改用户属性

查看某个现存用户的属性，单击"用户"标签，从用户列表中选择该用户，然后在"按钮"菜单中单击"属性"，弹出如图 3-23 所示窗口。

图 3-22　添加用户

图 3-23　用户属性

"用户数据"选项卡：显示添加用户时配置的基本用户信息。在这里可以改变用户的全称、密码、主目录或登录 shell。

"账号信息"选项卡：如果让账号到达某一固定日期时过期，选择"启用账号过期"。然后输入日期。选择"用户账号已被锁"可以锁住用户账号，使用户无法登录系统。

"密码信息"选项卡：该个标签显示了用户密码最后一次被改变的日期。强制用户在一定天数之后改变密码，选择"启用密码过期"。还可以设置允许用户改变密码之前要经过的天数，用户被警告去改变密码之前要经过的天数，以及账号变为不活跃之前要经过的天数。

"组群"选项卡：如图 3-24 所示，将用户 rose 和 john 添加到 cw 组群中，将用户 mark 和 jerry 添加到 xs 组群中，将用户 stone 添加到 rs 组群中，并从默认组群中删除。

图 3-24　将用户添加到指定组群

3.4　项目总结

本项目学习了用户和组群管理,要求掌握命令方式和图形化方式建立组群、添加组群成员、建立用户、添加到组群、删除组群、删除用户、锁定用户、修改所属的用户和组群等操作。

3.5　项目实训

1. 实训目的
(1)理解用户和组群的关系。
(2)掌握增加、删除用户和管理用户的方法。
(3)掌握增加、删除组群和管理组群的方法。

2. 实训环境
已经安装好 Linux 操作系统的计算机。

3. 实训内容
(1)为 YangGuo 在系统创建一个名为 YangG 的账号名,同时把他加入 student 组群,启始 Shell 为 tcShell。
(2)添加一个组群 student。
(3)XiaoLongNv 准备接手 YangGuo 的工作,把 YangG 账号转给 XiaoLongNv,新的账号名为 XiaoLN。
(4)删除 YangG 账号以及删除主目录下文件。
(5)把已经存在的账号 GuoJ 添加到 teacher 组群中。
(6)更改 YangG 账号密码。
(7)禁用 YangG 账号。

4. 实训要求
(1)实训分组进行,可以 2 人一组,小组讨论,决定方案后实施;教师在小组方案确定后给予指导,最后评价成绩时可以临时增加一些问题,考查学生应变能力。
(2)实训内容要分别采用文本模式和图形化工具实现。

5. 实训总结
完成实训报告,总结项目实施中出现的问题。

3.6　项目练习

一、选择题

1.(　　)目录用于存放用户信息。
　　A. /etc/passwd　　B. /etc/group　　C. /etc/samba　　D. /var/passwd
2. 用户登录系统后,首先进入下列(　　)目录。
　　A. /home　　　B. /root　　　C. /usr　　　D. 用户自己的主目录
3. 修改文件的属主使用的命令是(　　)。
　　A. chmod　　B. chgrp　　C. chown　　D. touch

4. 删除用户的命令是 (　　)。

　　A. useradd　　　　　B. groupadd　　　C. userdel　　　　　D. groupdel

5. 锁定某个用户的命令是 (　　)。

　　A. passwd　　　　　B. passwd –l　　　C. passwd -u　　　D. useradd

6. 当用 root 用户登录后，(　　) 命令可以改变用户 user1 的密码。

　　A. su user1　　　　　　　　　　B. passwd user1

　　C. password user1　　　　　　　D. changeu passwd user1

7. 如果在系统中创建了一个用户 user2，则在默认情况下，user2 所属的用户组群是 (　　)。

　　A. user2　　　　　B. root　　　　　C. group　　　　　D. user

8. 为了保证系统的安全，现有的 Linux 系统一般将/etc/passwd 密码文件加密后，保存为 (　　) 文件。

　　A. /etc/group　　　B. /etc/shadow　　C. /etc/user　　　D. /etc/gshadow

9. 新建用户使用 useradd 命令时，如果要指定用户的主目录，需要使用 (　　) 选项。

　　A. -g　　　　　　　B. -u　　　　　　C. -d　　　　　　D. -c

10. useradd 命令的 -g 选项通常提供 (　　) 信息。

　　A. 用户全名　　　　　　　　　　B. 用户的起始组群

　　C. 用户的个人备注信息　　　　　D. 登录的 shell 类型

二、填空题

1. root 用户的 UID 是_____，普通用户的 UID 可以由管理员在创建时指定，如果没有指定，用户 UID 默认是_____。

2. 在 Linux 操作系统中，所创建的用户账户及其相关信息(密码除外)，均放在_____配置文件中。

3. 组群账户的信息存放在_____配置文件中，而关于组群管理的信息，如组群密码、组群管理员等，存放在_____配置文件中。

4. 创建用户的命令是_____，创建组群的命令是_____。

5. 如果要锁定用户 user3，应使用命令_____；解锁用户 user3 使用命令_____。

项目④

➜ 管理磁盘

在计算机领域中，广义上说硬盘、光盘、U盘等用来保存数据信息的存储介质都可以称为磁盘，而其中的硬盘更是计算机主机的关键组件。无论是在 Windows 系统还是 Linux、UNIX 操作系统中，分区和文件系统都是需要建立在磁盘设备中的。

在 Linux 操作系统中，如何高效地对磁盘空间进行使用和管理是一项非常重要的技术，其中包括对文件系统的挂载及磁盘空间使用情况的查看等。Linux 的文件系统不同于 Windows 系统，硬件系统都使用相应的设备文件进行表示，硬盘和分区也是如此。所有的分区都是挂载在根目录"/"之下的。当使用移动存储设备时，需要将该设备挂载在某一个目录之下才能进行正常访问。

4.1 项 目 描 述

某公司网络管理员，根据存储数据要求，为 Linux 服务器新安装了两块硬盘，分别是 sdb 和 sdc，要求对这两块新添加硬盘进行管理。对硬盘 sdb 进行基本磁盘管理，实现磁盘配额；对硬盘 sdc 实现 LVM 动态磁盘管理。

4.2 相 关 知 识

4.2.1 磁盘管理的概念

基本磁盘中可包含主磁盘分区、扩展磁盘分区和逻辑驱动器。

1. 主磁盘分区

可以使用主磁盘分区来启动计算机，开机时，系统会找到标识为 Active 的主磁盘分区来启动操作系统。因此，同一个磁盘上虽可规划多个主磁盘分区，但只有一个主磁盘分区能标识为 Active。在一个系统中最多可以创建 4 个主磁盘分区或 3 个主磁盘分区与一个扩展磁盘分区。

2. 扩展磁盘分区

扩展磁盘分区由磁盘中可用的磁盘空间所创建。一个硬盘只能含有一个扩展磁盘分区，所以通常把所有剩余的硬盘空间包含在扩展磁盘分区中。

3. 逻辑磁盘

主磁盘分区与扩展磁盘分区的不同之处在于扩展磁盘分区不必进行格式化与指定磁盘代码，因为还可以将扩展磁盘分区再分割成数个区段，再分割出来的每一个区段就是一个逻辑磁盘。可以指定每个逻辑磁盘的磁盘代码，也可以将各逻辑磁盘格式化成可使用的文件系统。

4.2.2　Linux 操作系统的磁盘分区

在 Linux 中，每一个硬件设备都映成一个系统文件，对于硬盘、光驱等 IDE 或 SCSI 设备也不例外。Linux 把各种 IDE 设备分配了一个由 hd 前缀组成的文件；而对于各种 SCSI 设备，则分配了一个由 sd 前缀组成的文件。

对于 IDE 硬盘，驱动器标识符为"hdxy"；其中"hd"表明分区所在设备的类型，这里是指 IDE 接口类型硬盘；"x"为盘号，即代表分区所在磁盘是当前接口的第几个设备，以"a""b""c"等字母标识；"y"代表分区，前 4 个分区用数字 1~4 表示，它们是主分区或扩展分区从 5 开始就是逻辑分区。例如，hda3 表示为第一个 IDE 硬盘上的第三个主分区或扩展分区，hdb2 表示为第二个 IDE 硬盘上的第二个主分区或扩展分区。对于 SCSI 硬盘则标识为"sdxy"，SCSI 硬盘是用"sd"来表示分区所在设备的类型的，其余则和 IDE 硬盘的表示方法一样。

4.2.3　磁盘配额概述

如果任何人都可以随意占用 Linux 服务器的硬盘空间，服务器硬盘还能支撑多久？所以，限制和管理用户使用的硬盘空间是非常重要的，无论是文件服务、FTP 服务还是 E-mail 服务，都要求对用户使用的磁盘容量进行有限的控制，以避免对资源的滥用。Linux 的硬盘配额（Disk Quotas）能够简单高效地实现这个功能。

Linux 系统中，由于是多用户，多任务的环境，所以会有多人共同使用一个硬盘空间的情况发生，如果其中有少数几个使用者使用大量的硬盘空间，那么其他用户必将受到影响。因此，管理员应该适当开放硬盘的权限给使用者，以便妥善分配系统资源。

Linux 系统的磁盘配额功能用于限制用户所使用的磁盘空间，并且在用户使用了过多的磁盘空间或分区的空闲过少时，系统管理员会接到警告。磁盘配额可以针对单独用户进行配置，也可以针对用户组进行配置。配置的策略也比较灵活，既可以限制占用磁盘空间，也可以限制文件的数量。配额必须由 root 用户或者有 root 权限的用户启用和管理。

实现磁盘配额的条件有：

（1）确保内核支持（目前市面上所以常见 Linux 系统都支持）

（2）确保做配额的分区格式是 ext2/ext3/ext4 格式。

只有采用 Linux 的 ext2/ext3/ext4 的文件系统的磁盘分区才能进行磁盘配额。一台文件服务器。经常会建立单独的分区来存储用户数据，比如建立一个独立的分区，格式化成 ext2/ext3/ext4 文件系统，然后挂载到主系统的目录上进行管理。

4.2.4　LVM 概述

每个 Linux 使用者在安装 Linux 时都会遇到这样的麻烦：在为系统分区时，如何精确评估和分配各个硬盘分区的容量？因为如果估计不准确，当遇到某个分区不够用时管理员可能要备份整个系统、清除硬盘、重新对硬盘分区、然后恢复数据到新分区，所以系统管理员不但要考虑当前某个分区需要的容量，还要预见该分区以后可能需要的容量的最大值。虽然现在有很多动态调整磁盘的工具可以使用，例如 Partition Magic 等，但是它并不能完全解决问题，因为某个分区可能会再次被耗尽；另一方面，这需要重新引导系统才能实现，对于很多关键的服务器，停机是不可接受的，而且对于添加新硬盘，希望一个能跨越多个硬件驱动器的文件系统时，分区调整程序就不能解决问题。这里所讲述的 Linux LVM 管理可以解决上述问题。

LVM（Logical Volume Manager，逻辑盘卷管理）是 Linux 环境下对磁盘分区进行管理的一种机制，LVM 是建立在硬盘和分区之上的一个逻辑层，来提高磁盘分区管理的灵活性。通过 LVM 系统管理员可以轻松管理磁盘分区，如将若干磁盘分区链接为一个整体的卷组（Volume Group），形成一个存储池。管理员可以在卷组上随意创建逻辑卷组（Logical Volumes），并进一步在逻辑卷组上创建文件系统。管理员通过 LVM 可以方便地调整存储卷组的大小，并且可以对磁盘存储按照组的方式进行命名、管理和分配，而且当系统添加了新的磁盘，利用 LVM 管理员就不必通过将磁盘的文件移动到新的磁盘上来充分利用新的存储空间，而是直接扩展文件系统跨越磁盘即可。

（1）PV（物理卷）：指硬盘分区或从逻辑上与磁盘分区具有同样功能的设备（如 RAID）。

（2）VG（卷组）：由一个或多个物理卷组成，类似于逻辑硬盘。

（3）LV（逻辑卷）：即逻辑上的分区。

（4）PE（物理范围）：物理块，划分物理卷的数据块。

（5）LE（逻辑范围）：逻辑块，划分逻辑卷的数据块。

LVM 结构如图 4-1 所示。

图 4-1　LVM 结构图

4.3　项目实施

4.3.1　基本磁盘管理

对新增加的硬盘/dev/sdb 进行管理，首先进行分区操作，然后对新建的分区创建文件系统，接着检查创建的文件系统，最后进行挂载操作，提供给用户使用。

1. 创建分区

（1）使用命令 *fdisk –l* 查看当前系统中现有的磁盘和磁盘的分区情况，如图 4-2 所示。

从图 4-2 中可以看出，系统中现有三个磁盘，分别是/dev/sda、/dev/sdb 和/dev/sdc。其中，/dev/sda 是正在运行的 Linux 操作系统系统所在的磁盘，已经有三个分区，分别是/dev/sda1、

/dev/sda2 和/dev/sdc3，这是在安装操作系统时进行的分区；而/dev/sdb 和/dev/sdc 两个磁盘显示没有任何合法的分区表，这是后来添加的两个磁盘。

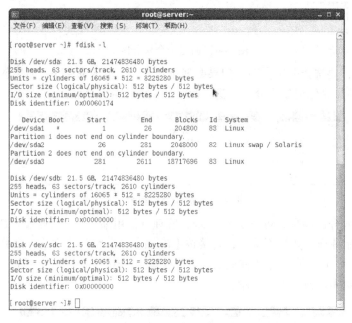

图 4-2   查看磁盘分区情况

（2）使用命令 *fdisk /dev/sdb* 对磁盘进行分区操作，如图 4-3 所示。

图 4-3   对磁盘/dev/sdb 进行分区

在 Command 后面可以输入一些交互方式的参数，最常用的是下面几个参数：

m：显示帮助。

p：打印当前磁盘分区表。

n：建立一个新的分区。

l：显示已知分区类型。

t：改变分区类型 id。

d：删除分区。

w：保存操作。

q：退出。

（3）输入命令 *n* 创建一个新分区，如图 4-4 所示。

图 4-4　创建一个新分区

在图 4-4 中，要选择分区类型，如果要创建主分区，输入命令 p；如果创建扩展分区，输入命令 e，管理员要先创建主分区，输入命令 p，如图 4-5 所示。

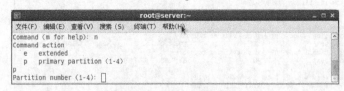

图 4-5　选择分区类型

（4）要求输入分区编号，可以输入 1～4，管理员使用编号 1，所以输入数字 *1*；接着要求输入第一个起始柱面，如果不输入，直接按【Enter】键，默认使用第一个柱面；然后要求输入最后一个柱面，可以直接输入柱面数，也可以输入一个尺寸。管理员创建了一个 500 MB 的分区，输入+*500M*，如图 4-6 所示。

图 4-6　输入分区编号

（5）输入 p 查看建立的分区，如图 4-7 所示。可以看到磁盘/dev/sdb 的尺寸是 21.5 GB，磁盘共有 255 个磁头、2610 个柱面，每个柱面有 63 个扇区。第 4 行是刚才所创建的分区，分区名称是/dev/sdb1，不是启动分区，/dev/sda 是启动分区，在 Boot 选项下是一个 "*" 提示，如图 4-2 所示，起始柱面是 1，结束柱面是 65，分区尺寸是 522081 块，分区类型是 83，即表示文件系统类型是 ext3。

图 4-7　查看创建的分区

（6）使用同样的方法创建扩展分区，Command 提示符后输入命令符 n，然后在分区类型提示中输入 e，即表示创建一个扩展分区，分区编号选择数字 2，在起始柱面和结束柱面选择时都默认，即表示从 63 柱面到剩下的所有空间都创建为扩展分区，分区创建完成后使用字符 p 查看，如图 4-8 所示。

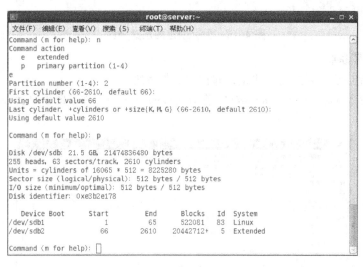

图 4-8　创建扩展分区

（7）扩展分区创建后不能使用，还需要进行创建逻辑分区，继续在 Command 后输入字符 n，在分区类型选择中，选择 l，即创建一个逻辑分区，然后设置分区尺寸是 500 MB 的分区，并输入命令 p 进行查看，可以看到共有三个分区，分别是/dev/sdb1、/dev/sdb2 和/dev/sdb5，其中/dev/sdb5 是创建在扩展分区/dev/sdb2 上的逻辑分区，如图 4-9 所示。

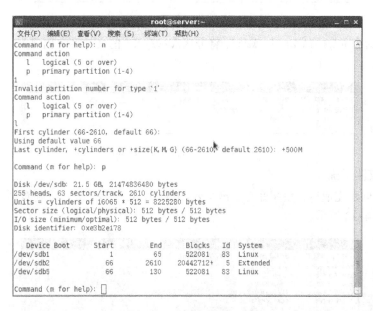

图 4-9　创建逻辑分区

（8）输入命令 w 进行保存，如图 4-10 所示。如果不想保存，直接退出，可以输入命令 q。

图 4-10　保存创建的磁盘分区

2. 创建文件系统

分区创建完成后，要进行格式化，即创建文件系统。

（1）执行命令 *mkfs –t ext4 /dev/sdb1*，将分区/dev/sdb1 的文件系统创建为 ext3，如图 4-11 所示。

```
[ root@server ~]# mkfs -t ext4 /dev/sdb1
mke2fs 1.41.12 (17-May-2010)
文件系统标签=
操作系统: Linux
块大小=1024 (log=0)
分块大小=1024 (log=0)
Stride=0 blocks, Stripe width=0 blocks
130560 inodes, 522080 blocks
26104 blocks (5.00%) reserved for the super user
第一个数据块=1
Maximum filesystem blocks=67633152
64 block groups
8192 blocks per group, 8192 fragments per group
2040 inodes per group
Superblock backups stored on blocks:
        8193, 24577, 40961, 57345, 73729, 204801, 221185, 401409

正在写入inode表: 完成
Creating journal (8192 blocks): 完成
Writing superblocks and filesystem accounting information: 完成

This filesystem will be automatically checked every 37 mounts or
180 days, whichever comes first.  Use tune2fs -c or -i to override.
[ root@server ~]#
```

图 4-11　创建文件系统为 ext3

（2）执行命令 *mkfs –t vfat /dev/sdb5*，将分区/dev/sdb5 的文件系统创建为 vfat，如图 4-12 所示。

```
[ root@server ~]# mkfs -t vfat /dev/sdb5
mkfs.vfat 3.0.9 (31 Jan 2010)
[ root@server ~]#
```

图 4-12　创建文件系统为 vfat

3. 检查文件系统

文件系统创建完成后，使用命令 *fsck /dev/sdb1* 和 *fsck /dev/sdb5* 分别对两个文件系统进行检查，如图 4-13 所示。

```
[ root@server ~]# fsck /dev/sdb1
fsck from util-linux-ng 2.17.2
e2fsck 1.41.12 (17-May-2010)
/dev/sdb1: clean, 11/130560 files, 26986/522080 blocks
[ root@server ~]# fsck /dev/sdb5
fsck from util-linux-ng 2.17.2
dosfsck 3.0.9, 31 Jan 2010, FAT32, LFN
/dev/sdb5: 0 files, 0/65225 clusters
[ root@server ~]#
```

图 4-13　检查磁盘分区

4．挂载分区

将创建的文件系统挂载在系统中，才可以使用。

（1）使用命令 *mkdir /mnt/mount1* 和 *mkdir /mnt/mount2* 创建挂载点文件，并使用命令 *ls /mnt* 查看，如图 4-14 所示。

图 4-14　创建挂载点

（2）使用命令 *mount –t ext4 /dev/sdb1 /mnt/mount1* 和 *mount –t vfat /dev/sdb5 /mnt/mount2* 挂载文件系统，并使用命令 *mount* 进行查看，如图 4-15 所示。

图 4-15　挂载文件系统并查看

其中最后两行就是新挂载的系统，默认的权限是读写（rw）。其中，/dev/sdb1 的文件系统类型是 ext3，/dev/sdb5 的文件系统类型是 vfat。

（3）如果系统不再使用，可以使用命令 *umount /mnt/mount1* 和 *umount /mnt/mount2* 进行卸载，再使用命令 *mount* 查看，发现/dev/sdb1 和/dev/sdb5 文件系统已经不存在了，如图 4-16 所示。

图 4-16　卸载文件系统并查看

5．实现文件系统自动挂载

文件系统如果每次使用都需要运行挂载命令，比较麻烦，可以修改配置文件/etc/fstab 让系统启动时自动挂载设备。

（1）使用 Vi 编辑器打开配置文件/etc/fstab，如图 4-17 所示。

图 4-17　fstab 文件内容

第 1 栏为设备文件，如光盘：/dev/cdrom。

第 2 栏为设备挂载点，该目录一般在/mnt 下，名字可自己确定，主要考虑有利于识别和记忆，如光盘常记为 cdrom，Windows 目录为 win 等。

第 3 栏为文件系统的类型，Linux 不能识别的 Windows 的 NTFS 格式文件，FAT32 的文件格式为 vfat，光盘为 ISO9660，Linux 文件系统为 ext3、ext4。

第 4 栏为挂载类型，默认为 defaults，可以用 *mount –a* 挂载，一般用户无权挂载。选项 noauto，表示使用时必须用 mount 挂载。选项 user 表示允许用户 user 挂载。

第 5 栏 dump，一般情况下为 0 或空白，表示不需要备份。

最后一栏为检查序号，挂载"/"的系统为 1，其他为 2，0 或空白表示不需要检查。

（2）在文件/etc/fstab 末尾添加以下两行内容，可以在启动时自动加载/dev/sdb1 分区和/dev/sdb5 分区，如图 4-18 所示。

```
/dev/sdb1  /mnt/mount1  ext4  defaults  0 0
/dev/sdb5  /mnt/mount2  vfat  defaults  0 0
```

图 4-18　修改后 fstab 文件内容

（3）重启系统时，就可以自动挂载文件系统，也可以运行命令 *mount –a*，这样就重新读取文件 fstab 内容，加载文件系统，再使用命令 *mount* 查看，可以看到文件系统/dev/sdb1 和/dev/sdb5 又重新挂载在系统中，如图 4-19 所示。

图 4-19　实现自动挂载

4.3.2 磁盘配额

在项目 3 中，已经为公司的每个员工建立账户，并且不同部门的员工属于不用的组群，此任务要根据用户的工作性质，在服务器上进行磁盘空间限制。对销售部的用户 rose 进行磁盘配额限制，将对磁盘/dev/sdb1 的 blocks 中的 soft 设置为 8000，hard 设置为 15000，inodes 中的 soft 设置为 8000，hard 设置为 15000 实现磁盘配额，按照以下步骤进行：修改配置文件/etc/fstab，对所选文件系统激活配额选项；重新挂载文件系统，使更改生效；扫描文件系统，用命令 *quotacheck* 生成基本配额文件；用命令 *edquota* 对用户 rose 更改磁盘配额；用命令 quotaon 启用磁盘配额；对磁盘配额进行验证。

1. 修改配置文件/etc/fstab

使用 Vi 编辑器打开配置文件 vi /etc/fstab，如图 4-17 所示，将/dev/sdb1 行的参数由原来的*/dev/sdb1   /mnt/mount1   ext4   defaults   0 0* 修改为*/dev/sdb1   /mnt/mount1   ext4 defaults,usrquota,grpquota   0 0*，即在第 4 列加入 *usrquota* 和 *grpquota*，表示启用用户磁盘配额限制和组磁盘配额限制，如图 4-20 所示。

图 4-20　在 fstab 文件中加入磁盘配额

2. 重新挂载文件系统，使更改生效

（1）使用 *mount* 命令查看当前系统中文件系统的挂载情况，如图 4-21 所示，说明/etc/sdb1 和/etc/sdb5 已经挂载。

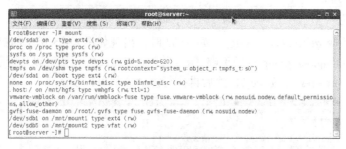

图 4-21　查看挂载情况

（2）为了使磁盘配额生效，需要先卸载文件系统/etc/sdb1，使用命令 *umount /etc/sdb1*，再使用命令 *mount* 查看，文件系统/etc/sdb1 已经卸载了，如图 4-22 所示。

（3）使用命令 *mount -a* 重新挂载文件系统，再使用命令 *mount* 查看，如图 4-23 所示。文件系统/etc/sdb1 已经重新挂载，并且增加了磁盘配额的选项 usrquota 和 grpquota。

图 4-22　卸载磁盘分区

图 4-23　重新挂载文件系统

3. 配置磁盘配额

（1）扫描文件系统，用命令 quotacheck 生成基本配额文件。使用命令 *quotacheck –cugv /dev/sdb1* 配置磁盘配额，如图 4-24 所示。在扫描文件系统中，首先要找到就得磁盘配额文件，因为没有配置过磁盘配额，所以提示没有找到文件。

图 4-24　执行 quotacheck 命令

如果在执行命令 *quotacheck –cugv /dev/sdb1* 时，出现如图 4-25 所示的提示，提示创建文件 aquota. user 和 aquota. group 权限不够，需要关闭 selinux，然后就可以执行了。关闭 selinux 的命令是[root@server ~]#*setenforce 0*，然后再执行该命令就可以了。

图 4-25　执行 quotacheck 命令出现错误

命令解释——quotacheck：

功能：扫描支持磁盘配额的分区，并创建磁盘配额文件。

命令格式：`quotacheck [参数] 挂载点`

常用参数：

-c：创建一个新的磁盘配额文件。

-u：创建针对用户的磁盘配额文件 aquota.user。

-g：创建针对组的磁盘配额文件 aquota.group。

-v：显示扫面过程的信息。

（2）该命令在/mnt 下创建了两个文件 aquota. user 和 aquota. group，使用命令 *ls /mnt/mount1* 查看，如图 4-26 所示。

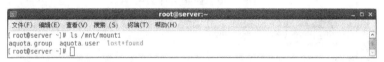

图 4-26　查看生成的磁盘配额文件

4. 用命令对用户更改磁盘配额

（1）使用命令 *edquota –u rose* 对用户 rose 进行磁盘配额限制，如图 4-27 所示。其中，包含块设置和索引结点设置(文件数量限制)，块设置和索引结点设置都包含软限制和硬限制，根据要求，将软限制设置为 800 MB，硬限制设置为 15 000 MB。如果系统中没有 rose 用户，请使用 useradd 命令创建，并设置密码。

图 4-27　设置磁盘配额尺寸

（2）编辑完成后，使用命令 *wq* 保存退出。主要就为用户 rose 设置了磁盘配额。

5. 用命令启用磁盘配额

使用命令 *quotaon /dev/sdb1* 启用磁盘配额功能，如图 4-28 所示。

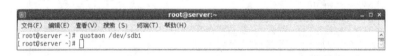

图 4-28　启动磁盘配额功能

6. 对磁盘配额进行验证

（1）使用命令 *su – rose* 切换到用户 rose 中，使用命令 *cd /mnt/mount1* 进入挂载点，使用命令 *ls* 查看该文件目录下有三个文件，再使用命令 *quota* 查看磁盘配额情况，发现没有磁盘配额，因为用户还没有在该文件目录中创建任何文件，如图 4-29 所示。

（2）使用命令 *touch file1* 创建文件，出现如图 4-30 所示的错误提示，表示没有权限进行操作。这是因为一个新的文件系统并没有为属组和其他用户赋予写入权限。

（3）使用命令 *su –* 切回到 root 环境，使用命令 *cd /mnt* 进入/mnt 目录，使用命令 *ls –l/mnt* 查看 mount1 的权限是 drwxr-xr-x，再使用命令 *chmod 777 /mnt/mount1*，修改 mount1 的权限是所有用户都有读取、写入和执行权限，如图 4-31 所示。

图 4-29　验证没有磁盘配额

图 4-30　创建文件失败

图 4-31　修改文件权限

（4）再切回 rose 登录环境，进入 mount1 目录，再次使用命令 *touch file1* 创建文件，并且使用命令 *echo cipanpeieyanzheng > file1* 向文件 file1 中写入内容，如图 4-32 所示。

图 4-32　创建文件

（5）使用命令 *ls -l* 查看文件 file1 的大小是 18 字节，如图 4-33 所示。

图 4-33　查看文件大小

（6）再使用命令 quota 查看磁盘配额情况，如图 4-34 所示。可以看到 rose 用户占用了 3 个块，2 个索引结点。

图 4-34　验证磁盘配额生效

（7）切回 root 用户，使用命令 *repquota* 进行磁盘配额查看，如图 4-35 所示。第二列现在显示的是"--"，如果超过磁盘配额限制，就变成"++"提示。

图 4-35 查看磁盘配额

4.3.3 管理 LVM 逻辑卷

对新增加的硬盘/dev/sdc 进行管理，要求 Linux 系统的分区能自动调整磁盘容量。使用 LVM 逻辑卷管理硬盘，实现自动调整磁盘容量的功能。为了实现 LVM 逻辑卷管理，按照以下步骤实现：创建 4 个分区/dev/sdc1、/dev/sdc2、/dev/sdc3 和/dev/sdc4，并且转换文件系统类型为 LVM；使用命令 pvcreate 创建物理卷；使用命令 vgcreate 创建卷组；使用命令 lvcreate 创建逻辑卷；使用命令 vgextend 扩展卷组；使用命令 lvextend 扩展逻辑卷；使用命令 lvreduce 缩减逻辑；检查物理卷、卷组和逻辑卷；挂载逻辑卷。

1. 创建 LVM 文件系统

（1）使用 4.4.1 节中创建硬盘分区的方法，使用命令 *fdisk /dev/sdc* 创建 4 个磁盘分区尺寸为 1000 MB 的磁盘分区/dev/sdc1、/dev/sdc2、/dev/sdc3 和/dev/sdc4，如图 4-36 所示。文件系统类型的 Id 为 83，表示是 Linux 分区。

图 4-36 创建磁盘分区

（2）在 Command 后输入命令 *t*，然后输入分区编号 *1*，再输入 LVM 的文件系统类型的 Id 号 *8e*，同样的方法修改 2～4 分区的文件系统类型，如图 4-37 所示。

（3）输入命令 *p* 查看修改的结果，如图 4-38 所示。从图中可以看出，文件系统/dev/sdc1、/dev/sdc2、/dev/sdc3 和/dev/sdc4 的类型已经转变为 LVM 类型

（4）使用命令 *w* 保存磁盘分区，退出 fdisk 命令。

2. 创建物理卷

（1）使用命令 *pvcreat /dev/sdc1* 为分区/dev/sdc1 创建物理卷，物理卷必须是在 LVM 文件系统类型的分区上进行创建，再使用同样的方法为分区/dev/sdc2、/dev/sdc3 和/dev/sdc4 创建物理卷，如图 4-39 所示。

图 4-37　转变文件系统类型为 LVM

图 4-38　查看文件系统类型

图 4-39　创建物理卷

（2）创建完成后，使用命令 *pvdisplay /dev/sdc1* 查看物理卷的基本情况，如物理卷尺寸、名称等，如图 4-40 所示。

图 4-40　查看物理卷

3．创建卷组

（1）使用命令 *vgcreate vg1　/dev/sdc1* 创建卷组，如图 4-41 所示。其中，vg1 是新创建的卷组的名称，将物理卷/dev/sdc1 添加到了卷组 vg1 中。

图 4-41 创建卷组

（2）创建完成后，使用命令 *vgdisplay vg1* 查看卷组的基本情况，如卷组名称、包含的成员、卷组尺寸等，如图 4-42 所示。

图 4-42 查看卷组

4. 创建逻辑卷

（1）在卷组上创建逻辑卷使用命令 *lvcreate –L 500M –n lv1 vg1*，如图 4-43 所示。其中，参数 L 表示创建的逻辑卷的尺寸，这里，管理员创建了一个尺寸是 500 MB 的逻辑卷；参数 n 表示逻辑卷的名称，为 lv1，在卷组 vg1 上进行创建。

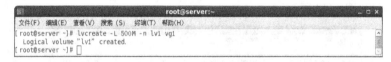

图 4-43 创建逻辑卷

（2）创建完成后，使用命令 *lvdisplay /dev/vg1/lv1* 查看逻辑卷的基本情况，如逻辑卷名称、逻辑卷尺寸等，如图 4-44 所示。

图 4-44 查看逻辑卷

项目

4

管理磁盘

5. 扩展卷组

如果在服务器使用过程中，出现了磁盘空间不够的情况，可以对卷组进行扩展。

（1）使用命令 *vgextend vg1 /dev/sdc2* 对卷组 vg2 进行扩展，如图 4-45 所示，其中/dev/sdc2 是要添加到卷组 vg1 中的物理卷，并且已经创建文件系统类型为 LVM。

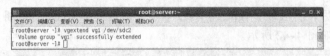

图 4-45　扩展卷组

（2）使用命令 vgdisplay 进行查看，可以发现卷组的成员已经变成 2 个，卷组的尺寸也变为 2000 MB，如图 4-46 所示。

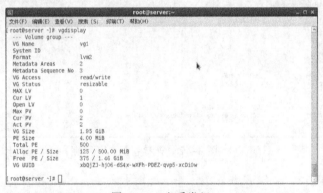

图 4-46　查看卷组

6. 扩展逻辑卷

（1）使用命令 *lvextend –L +1000M /dev/vg1/lv1* 扩展逻辑卷 lv1，原来逻辑卷的尺寸是 500 MB，扩展了 1000 MB，如图 4-47 所示。

图 4-47　扩展逻辑卷

（2）使用命令 lvdisplay /dev/vg1/lv1 查看，如图 4-48 所示，发现逻辑卷 lv1 的尺寸已经变为 1500 MB。

图 4-48　查看逻辑卷

7. 缩减逻辑卷

如果文件系统中删除了大量的文件，原来的逻辑卷空间已经过大，可以使用命令进行缩减。

（1）使用命令 *lvextend –L -500M /dev/vg1/lv1* 缩减逻辑卷 lv1，原来逻辑卷的尺寸是 1500 MB，缩减了 500 MB，如图 4-49 所示。缩减逻辑卷尺寸时，会警告是否要缩减，因为如果缩减的空间存有文件，缩减尺寸会造成文件损坏，如果确定没有问题，就输入 y。

图 4-49　缩减逻辑卷

（2）使用命令 *lvdisplay /dev/vg1/lv1* 查看，如图 4-50 所示，发现逻辑卷 lv1 的尺寸已经变为 1000 MB。

图 4-50　查看逻辑卷

8. 检查物理卷、卷组和逻辑卷

（1）使用命令 *pvscan* 检查物理卷，如图 4-51 所示，从图中可以看出系统共创建了 4 个物理卷，其中/dev/sdc1 和/dev/sdc2 已经加入卷组 vg1 中，也显示了每个物理卷的尺寸。

图 4-51　检查物理卷

（2）使用命令 *vgscan* 检查卷组，如图 4-52 所示。

图 4-52　检查卷组

（3）使用命令 *lvscan* 检查逻辑卷，如图 4-53 所示。

图 4-53　检查逻辑卷

（4）在创建 LVM 逻辑卷时，是按照建立物理卷、卷组和逻辑卷的顺序，如果要删除，需要按照相反的顺序进行，即删除逻辑卷、卷组和物理卷的顺序。删除逻辑卷的命令是 *lvremove　逻辑卷名称*，删除卷组的命令是 *vgremove　卷组名称*，删除物理卷的命令是 *pvremove 物理卷名称*。

9. 挂载逻辑卷

逻辑卷必须格式化后，即创建文件系统，挂载到系统中，才可以使用。

（1）使用命令 *mkfs –t ext4 /dev/vg1/lv1* 格式化逻辑卷/dev/vg1/lv1，创建文件系统类型为 ext4，如图 4-54 所示。

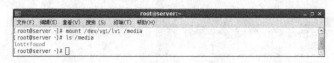

图 4-54　为逻辑卷创建文件系统

（2）使用命令 *mount /dev/vg1/lv1 /media* 将逻辑卷挂载到系统/media 中，如图 4-55 所示。使用命令 *ls /media* 可以看出这是一个新的文件系统的格式，还没有存放文件。

图 4-55　查看挂载后的逻辑卷

（3）使用命令 *mount* 查看挂载情况，如图 4-56 所示，可以看到逻辑卷 lv1 被挂载到目录/media 中。

图 4-56　查看逻辑卷挂载情况

（4）使用命令 *df -h* 查看分区情况，如图4-57所示，可以看到逻辑卷lv1的大小是1000 MB左右，已经使用2%，存放的是一些系统文件。

```
root@server:~

文件(F) 编辑(E) 查看(V) 搜索(S) 终端(T) 帮助(H)
[root@server ~]# df -h
Filesystem          Size  Used Avail Use% Mounted on
/dev/sda3            18G  4.3G   13G  26% /
tmpfs               948M  616K  947M   1% /dev/shm
/dev/sda1           190M   38M  143M  21% /boot
.host:/             176G   11G  166G   6% /mnt/hgfs
/dev/sdb5           510M     0  510M   0% /mnt/mount2
/dev/sdb1           486M  2.3M  458M   1% /mnt/mount1
/dev/mapper/vg1-lv1 969M  1.3M  918M   1% /media
[root@server ~]#
```

图 4-57　查看分区情况

4.4　项　目　总　结

本项目学习了磁盘管理，包括基本磁盘管理、磁盘配额和 LVM 动态磁盘管理，要求掌握 fdisk 命令创建磁盘分区、为磁盘分区创建文件系统、自动挂载文件系统、为不用的用户设置不同的磁盘配额、实现 LVM 动态磁盘管理。

4.5　项　目　实　训

1.　实训目的

（1）掌握基本磁盘管理。

（2）实现磁盘配额。

（3）实现 LVM 动态磁盘管理。

2.　实训环境

已经安装好 Linux 操作系统的计算机。

3.　实训内容

在 VMware 中添加一块虚拟硬盘，执行以下操作：

（1）使用 fdisk 命令进行磁盘分区，然后使用 fdisk-1 查看分区情况。

（2）使用 mkfs 命令创建文件系统。

（3）使用 mount 和 umount 命令实施挂载和卸载文件系统的操作。

（4）修改配置文件/etc/fstab，在系统启动时自动挂载文件系统。

（5）启动 vim 来编辑/etc/fstab 文件。

（6）把/etc/fstab 文件中的 home 分区添加用户和组的磁盘配额。

（7）用 quotacheck 命令创建 aquota.user 和 aquota.group 文件。

（8）给用户 user01 设置磁盘限额功能。

（9）将其 blocks 的 soft 设置为 102400、hard 设置为 409600，inodes 设置为 12800、hard 设置为 51200，编辑完成后保存并退出。

（10）重新启动系统。

（11）用 quotaon 命令启用 quota 功能。

（12）切换到用户 user1，查看自己的磁盘限额及使用情况。

（13）尝试复制大小分别超过磁盘限额软限制和硬限制的文件到用户的主目录上，检验一下磁盘限额功能是否起作用。

4. 实训要求

实训分组进行，可以 2 人一组，小组讨论，确定方案后进行讲解；教师给予指导，全体学生参与评价。

5. 实训总结

完成实训报告，总结项目实施中出现的问题。

4.6 项目练习

一、选择题

1. 在一个新分区上建立文件系统使用的命令是（　　）。

    A. fdisk　　　　　　B. makefs　　　　　　C. mkfs　　　　　D. format

2. 以下（　　）操作是将/dev/sdc1（一个 Windows 分区）挂载到/mnt/win 目录中。

    A. mount –t windows /mnt/win /dev/sdc1

    B. mount –t windows /dev/sdc1 /mnt/win

    C. mount –t vfat /mn1t/win /dev/sdc1

    D. mount –t vfat /dev1/sdc1 /mnt/win

3. Linux 的系统管理员使用命令 mkfs –t ext3 /dev/hdb1 格式化一个硬盘分区，其中/dev/hdb1 代表该计算机上的（　　）。

    A. 第二块 SCSI 硬盘的第一个主分区　　　B. 第一块 SCSI 硬盘的第一个主分区

    C. 第一块 IDE 硬盘的第一个主分区　　　D. 第二块 IDE 硬盘的第一个主分区

4. 要创建物理卷，正确命令是（　　）

    A. fdisk　　　　　　B. pvcreate　　　　　C. vgcreate　　　　D. lvcreate

5. 要创建逻辑卷，正确命令是（　　）。

    A. fdisk　　　　　　B. pvcreate　　　　　C. vgcreate　　　　D. lvcreate

6. 当一个目录作为一个挂载点被使用后，该目录上的原文件（　　）。

    A. 被永久删除　　　　　　　　　　　B. 被隐藏，待挂载设备卸载后恢复

    C. 被放入回收站　　　　　　　　　　D. 被隐藏，待计算机重启后恢复

7. 在以下设备文件中，代表第二个 IDE 硬盘的第一个逻辑分区的设备文件是（　　）。

    A. /etc/hdb1　　　B. /dev/hdb1　　　C. /etc/hdb5　　　D. /dev/hdb5

8. 对于 Linux 文件系统的自动挂载，其配置工作是在（　　）文件中完成的。

    A. /etc/inittab　　　B. /etc/fstab　　　C. /usr/fstab　　　D. /dev/ inittab

二、填空题

1. 删除逻辑卷、卷组和物理卷的命令是_____、_____和_____。

2. LVM 是_____的简称，它是 Linux 环境下对磁盘分区进行管理的一种机制。

3. 开启磁盘配额功能的命令是_____。

4. 要将逻辑卷/dev/vg2/lv2 挂载到系统/mnt 目录下，使用的命令是_____。

5. 执行 quotacheck 命令，生成的文件是_____和_____。

项目⑤

➡ 管理打印机

在 RHEL 中包含两种打印系统：LPRng 和 CUPS，默认采用 CUPS 系统；同时可支持 6 种类型的打印机：本机、CUPS、UNIX、SAMBA、Novell、JetDirect。本项目介绍 LPRng 和 CUPS 打印系统的基本概念、RHEL 支持的 6 种类型打印队列在图形界面下的添加方法、打印机系统的管理与配置方法，以及通过浏览器管理 CUPS 打印系统的方法。

5.1 项 目 描 述

某公司网络管理员，要安装本地打印机 hp Laserjet Professional p1609dn，并对打印机进行管理。Linux 中可使用的打印机远没有 Windows 多，要知道正在使用的打印机是否能够在 Linux 下使用，可访问 http://www.Linuxprinting.org/linux 网站查询打印机数据库。Linuxprinting 组织将现有的打印机分为 4 个级别，级别越高的打印机在 Linux 环境下打印效果越好，而级别太低的打印机根本不能用于 Linux 环境。RHEL 可以配置多种类型的打印队列。

5.2 相 关 知 识

5.2.1 LPRng 打印系统

LPRng（LRP Next Generation）是基于 BSD 的打印系统。该系统实际上重写了比它更早出现的 Berkeley LRP 打印系统，但 LPRng 保留了 printcap 文件的格式，并且引入了一些新的特性，以使配置过程更加灵活。

LPRng 打印系统具有如下优点：

（1）不需要数据库环境就可以执行 lpr、lpc、lprm 命令。

（2）打印队列可以自动转向。

（3）打印工作可以自动保留。

（4）多重打印机可以使用同一打印队列。

（5）客户端不需要执行 SUID root。

（6）可以大幅度提高安全性检查。

（7）可以使用 Printconf 工具维护配置文件（/etc/printcap）。

LPRng 还提供了 UNIX System V 风格的打印命令（如 lp、lpstat 等）。随 LPRng 发行的还有 IFHP 过滤器，它可以用在队列中，用于自动转换一些数据格式（如打印 ASCII 文本或图像）。

5.2.2 CUPS 打印系统

RHEL 6.x 和其他一些流行的 Linux 发行版本中默认的打印管理程序是通用 UNIX 打印系统 CUPS（Common UNIX Printing System）。CUPS 系统包含一系列打印工具，能为很多打印机提供服务。

CUPS 具有如下主要功能：

（1）Print: 将文件发送到特定的 URI 的打印机。

（2）Validate: 设定打印优先级别。

（3）Creat: 将文件作为打印作业处理。

（4）Cancel: 取消打印作业。

（5）Pause：暂停打印作业。

（6）Resume：恢复打印作业。

（7）Purge：清除打印作业。

5.3 项目实施

5.3.1 安装打印机

管理员以 Linux 操作系统为平台，安装打印机要安装本地打印机 hp Laserjet Professional p1609dn，并对打印机进行管理。打印机安装可以分为本地打印机和网络打印机，管理员安装本地打印机后，并将该打印机设置为默认打印机，并利用 CUPS 打印系统对打印机进行管理，

1. 添加本地打印机

"本地打印机"是指直接通过并行或 USB 端口连接到本地计算机上的打印机。下面介绍如何利用"打印机配置"程序进行本地打印机的添加。

（1）以 root 用户身份登录，在 GNOME 桌面环境下选择"系统"｜"管理"｜"打印"命令，或在"终端"窗口下输入命令 *printconf* 或 *system-config-printer* 命令，启动打印机配置程序，如图 5-1 所示。

（2）在"打印机配置"窗口中单击"新建"按钮，弹出选择设备窗口，如图 5-2 所示，在该窗口中选择将打印机连接在计算机的哪个接口上。

图 5-1　打印机配置窗口

图 5-2　选择设备窗口

（3）单击"前进"按钮，出现"选择驱动程序"窗口，从数据库中选择要安装的打印机厂商，管理员要安装的打印机是 HP，所以选择"HP"，如图 5-3 所示。

（4）单击"前进"按钮，出现选择打印机型号窗口，管理员选择 Laserjet Professional p1609dn型号，如图 5-4 所示。

图 5-3　选择打印机厂商

图 5-4　选择打印机型号

（5）选择好打印机驱动后单击"前进"按钮，打开描述打印机窗口，如图 5-5 所示。

（6）单击"应用"按钮后系统会提示是否打印测试页，单击"否"按钮不进行打印页测试，如图 5-6 所示。

图 5-5　描述打印机

图 5-6　打印测试页

（7）单击"完成"按钮就可以完成配置，如图 5-7 所示，并打开打印机配置窗口。

图 5-7　完成添加打印机

（8）在该窗口中可以通过设置打印机属性对其进行控制，如图 5-8 所示。

2. 添加网络打印机

RHEL 6.x 的 system-config-printer 支持的网络打印机包括以下几种，如图 5-9 所示。

图 5-8　打印机属性窗口　　　　　　　　图 5-9　"新打印机"窗口

（1）应用接口。

（2）Internet 打印协议（ipp）。

（3）Internet 打印协议（https）。

（4）LPD/LPR 主机或打印机。

（5）通过 SAMBA 连接的 Windows 打印机。

5.3.2　管理打印机

1. 设置默认打印机

在添加第一台打印机后，系统会自动将其设置为
"默认打印机"，并选择对应的队列名称，用户提交的
打印作业如果没有指定打印机都会被系统交给"默认
打印机"处理。

如果添加了多台打印机，用户要重新指定默认打
印机，可以在"打印机配置"窗口中选择要指定的默
认打印机，然后右击并在弹出的快捷菜单中选择"设
为默认"命令，如图 5-10 所示。

图 5-10　设置默认打印机

2. 删除打印机

如果用户出于各种原因不再需要已添加的打印机，可以在"打印机配置"窗口中选择要
删除的打印机名称，然后右击并在弹出的快捷菜单中选择"删除"命令，如图 5-10 所示。

3. 管理 CUPS 打印系统

目前，主流 Linux 发行版本默认安装的都是 CUPS 打印系统，RHEL 在系统启动后会自动
启用 CUPS 打印系统服务。CUPS 打印系统支持基于 Web 的管理方式，用户可以通过浏览器
连接到它的管理界面，对其进行管理和维护。

在浏览器的地址栏中输入 http://127.0.0.1:631 就可以登录到 CUPS 打印系统的管理首页，
如图 5-11 所示。用户通过 CUPS 打印系统的管理页面可以实现很多管理功能。

图 5-11　CUPS 管理首页

5.4　项 目 总 结

本项目学习了安装打印机及对打印机进行管理。RHEL 中包含两种打印系统：LPRng 和 CUPS，默认采用 CUPS 系统，同时也可支持多种类型的打印机。在图形界面下通过"打印机配置"向导可以添加、删除、编辑打印机和设置默认的打印机。CUPS 打印系统支持管理员采用基于 Web 的管理方式对其进行管理。

5.5　项 目 实 训

1. 实训目的

（1）掌握打印机安装方法。

（2）实现打印机管理。

2. 实训环境

已经安装好 Linux 操作系统的计算机。

3. 实训内容

（1）安装打印机 hp Laserjet Professional p1102w 和 Mopier320。

（2）设置打印机 hp Laserjet Professional p1102w 为默认打印机。

（3）删除打印机 Mopier320。

（4）使用浏览器管理 CUPS 打印系统，将打印机 hp Laserjet Professional p1102w 删除。

4. 实训要求

实训分组进行，可以 2 人一组，小组讨论，确定方案后进行讲解；教师给予指导，全体学生参与评价。

5. 实训总结

完成实训报告，总结项目实施中出现的问题。

5.6 项 目 练 习

选择题

1. 下列（　　　）组件与 CUPS 打印队列没有关系。
   A. 队列名称　　　　　B. 打印过滤器　　　　C. 缓冲目录　　　D. 后端设备
   E. 以上都与 CUPS 打印队列有关

2. cupsd 守护进程"知名的"TCP 端口是（　　　）。
   A. 80　　　　　　　　B. 443　　　　　　　　C. 631　　　　　　D. 1024
   E. 以上都不是

3. 下列（　　　）不是配置 CUPS 服务的常用界面。
   A. system-config-printer　应用程序　　　B. http://localhost:631　网页界面
   C. lpstat 和 lpadmin　命令行工具　　　　D. /proc/cups　　内核界面
   E. 以上都是配置 CUPS 服务的常用界面

4. 使用计算机唯一并口在本地连接的打印机，通过下列（　　　）设备结点有可能访问到。
   A. /dev/tty S0　　　　B. /dev/usb/lp1　　　C. /dev/printer　　D. /dev/lp0
   E. 以上都不是

5. 使用下列（　　　）CUPS 配置工具可以为 CUPS 打印队列启用网络共享。
   A. system-config-printer　　　　　　　　B. CUPS 网页管理界面
   C. lpadmin　　　　　　　　　　　　　　D. enable
   E. 以上都不是

6. 下列（　　　）网络客户端可采用访问 CUPS 网页管理界面。
   A. Mozilla　　　　　　　　　　　　　　B. links
   C. Konquerer（KDE 浏览器）　　　　　　D. Epiphany

项目⑥

→ 架设 DHCP 服务器

在使用 TCP/IP 网络时，每一台计算机都必须有一个唯一的 IP 地址，计算机之间依靠该 IP 地址进行通信。因而，IP 地址的管理、分配与设置非常重要。如果网络管理员手动为每台计算机设置 IP 地址，当计算机数量比较多时就会特别麻烦，而且也很容易出错。使用动态主机配置协议（Dynamic Host Configuration Protocol，DHCP）就可解决这个问题。DHCP 服务器可以自动为局域网中的计算机分配 IP 地址及 TCP/IP 设置，大大减轻了网络管理员的工作负担，并减少 IP 地址故障的发生。

6.1 项目描述

某公司网络管理员要以 Linux 网络操作系统为平台，建设 DHCP 服务器，规划服务器地址和作用域范围，为 200 台主机分配地址，使用 192.168.14.0/24 网段，使公司员工能够动态获得 IP 地址。公司网络拓扑如图 6-1 所示，DHCP 服务器的 IP 地址是 192.168.14.2，公司域名是 lnjd.com。

图 6-1　公司局域网

作为公司的网络管理员，为了完成该项目，首先进行网络规划，因为公司使用网段 192.168.14.0/24，要为 200 台主机提供服务，在网络实施之前，规划地址时，将地址池的范围规划在 192.168.14.10/24 ~ 192.168.14.245/24，并且给公司其他服务器分配特定 IP 地址，其中，默认网关的 IP 地址是 192.168.14.254；DNS 服务器的 IP 地址是 192.168.14.3；FTP 服务器的 IP 地址是 192.168.14.1；邮件服务器的 IP 地址是 192.168.14.4；Web 服务器的 IP 地址是 192.168.14.5 和 192.168.14.6。首先安装 DHCP 服务器，然后按照公司要求进行配置，最后客户端获得 IP 地址，验证成功。

6.2 相 关 知 识

6.2.1 DHCP 概述

在使用 TCP/IP 协议的网络中，每台工作站在访问网络及其资源之前，都必须进行基本的网络配置，一些主要参数诸如 IP 地址、子网掩码、默认网关、DNS 等必不可少，还可能需要一些附加的信息如 IP 管理策略之类。

在大型网络中，确保所有主机都拥有正确的配置是一件相当困难的管理任务，尤其对于含有漫游用户和笔记本电脑的动态网络更是如此。经常有计算机从一个子网移到另一个子网以及从网络中移出。手动配置或重新配置数量巨大的计算机可能要花费很长时间，而 IP 主机配置过程中的错误可能导致该主机无法与网络中的其他主机通信。

因此，需要有一种机制来简化 IP 地址的配置，实现 IP 的集中式管理。而 IETF（Internet 工程任务组）设计的动态主机配置协议（Dynamic Host Configuration Protocol，DHCP）正是这样一种机制。

DHCP 是一种客户机/服务器协议，该协议简化了客户机 IP 地址的配置和管理工作以及其他 TCP/IP 参数的分配。基本上不需要网络管理人员的人为干预。网络中的 DHCP 服务器给运行 DHCP 的客户机自动分配 IP 地址和相关的 TCP/IP 的配置信息。

DHCP 服务器拥有一个 IP 地址池，当任何启用 DHCP 的客户机登录到网络时，可从它那里租借一个 IP 地址。因为 IP 地址是动态的（租借），而不是静态的（永久分配），不使用的 IP 地址就自动返回地址池，供再分配，从而大大节省了 IP 地址空间。而且，DHCP 本身被设计成 BOOTP（自举协议）的扩展，支持需要网络配置信息的无盘工作站，对需要固定 IP 地址的系统也提供了相应的支持。

在用户的企业网络中应用 DHCP 有以下优点：

（1）减少错误。通过配置 DHCP，把手动配置 IP 地址所导致的错误减少到最低程度，例如将已分配的 IP 地址再次分配给另一设备所造成的地址冲突等将大大减少。

（2）减少网络管理。TCP/IP 配置是集中化和自动完成的，不需要网络管理员手动配置。

6.2.2 DHCP 协议工作过程

1. DHCP 客户首次获得 IP 租约

DHCP 客户首次获得 IP 租约，需要经过 4 个阶段与 DHCP 服务器建立联系，如图 6-2 所示。

（1）IP 租用请求。DHCP 客户机启动计算机后，通过 UDP 端口 67 广播一个 DHCPDISCOVER 信息包，向网络上的任意一个 DHCP 服务器请求提供 IP 租约。

（2）IP 租用提供。网络上所有的 DHCP 服务器均会收到此信息包，每台 DHCP 服务器通过 UDP 端口 68 给 DHCP 客户机回应一个 DHCPOFFER 广播包，提供一个 IP 地址。

（3）IP 租用选择。客户机从不止一台 DHCP 服务器接收到提供之后，会选择第一个收到的 DHCPOFFER 包，并向网络中广播一个 DHCPREQUEST 消息包，表明自己已经接受了一个 DHCP 服务器提供的 IP 地址。该广播包中包含所接受的 IP 地址和服务器的 IP 地址。

图 6-2　DHCP 的工作过程

（4）IP 租用确认。被客户机选择的 DHCP 服务器在收到 DHCPREQUEST 广播后，会广播返回给客户机一个 DHCPACK 消息包，表明已经接受客户机的选择，并将这一 IP 地址的合法租用以及其他的配置信息都放入该广播包发给客户机。

客户机在收到 DHCPACK 包后，会使用该广播包中的信息来配置自己的 TCP/IP，则租用过程完成，客户机可以在网络中通信。

2. DHCP 客户进行 IP 租约更新

取得 IP 租约后，DHCP 客户机必须定期更新租约，否则当租约到期，就不能再使用此 IP 地址，按照 RFC 的默认规定，每当租用时间超过的 50% 和 87.5% 时，客户机就必须发出 DHCPREQUEST 信息包，向 DHCP 服务器请求更新租约。在更新租约时，DHCP 客户机是以单点传送方式发出 DHCPREQUEST 信息包，不再进行广播。

具体过程为：

（1）在当前租期已过去 50% 时，DHCP 客户机直接向为其提供 IP 地址的 DHCP 服务器发送 DHCPREQUEST 信息包。如果客户机收到该服务器回应的 DHCPACK 消息包，客户机就根据包中所提供的新的租期以及其他已经更新的 TCP/IP 参数，更新自己的配置，IP 租用更新完成。如果没收到该服务器的回复，则客户机继续使用现有的 IP 地址，因为当前租期还有 50%。

（2）如果在租期过去 50% 时未能成功更新，则客户机将在当前租期过去 87.5% 时再次向为提供 IP 地址的 DHCP 联系。如果联系不成功，则重新开始 IP 租用过程。

（3）如果 DHCP 客户机重新启动时，它将尝试更新上次关机时拥有的 IP 租用。如果更新未能成功，客户机将尝试联系现有 IP 租用中列出的默认网关。如果联系成功且租用的未到期，客户机则认为自己仍然位于与它获得现有 IP 租用时相同的子网上（没有被移走），继续使用现有 IP 地址。如果未能与默认网关联系成功，客户机则认为自己已经被移动不同的子网上，则 DHCP 客户机将失去 TCP/IP 网络功能。此后，DHCP 客户机将每隔 5 分钟尝试一次重新开始新一轮的 IP 租用过程。

6.3　项 目 实 施

6.3.1　为 DHCP 服务器设置 IP 和机器名

在安装 DHCP 服务之前，DHCP 服务器本身必须采用固定的 IP 地址。在 Linux 操作系统中，TCP/IP 网络的配置信息分别存储在不同的配置文件中，需要编辑修改这些配置文件来网络配置工作，相关的配置文件主要有/etc/services、/etc/hosts、/etc/resolv.conf、/etc/nsswitch.conf、/etc/sysconfig/network 以及/etc/sysconfig/network-script 目录。也可以使用图形化配置工具进行配置。

1. 图形化配置 TCP/IP 相关参数

在桌面环境下，RHEL 6.x 主要有两个配置工具来配置网络，一个是 Network Manager 工具，一个是 system-config-network 工具，两者的配置界面不同，但是都是通过修改网卡的配置文件来实现网络配置的。

（1）使用 Network Manager 工具

在"终端"中输入命令 *nm-connection-editor*，或者右击任务栏中"网络连接"图标并在弹出的快捷菜单中选择"编辑连接"命令，打开"网络连接"对话框，如图 6-3 和图 6-4 所示。

图 6-3　选择"编辑连接"

单击设备 System eth0，单击"编辑"按钮，出现如图 6-5 所示对话框，有"有线""802.1x 安全性""IPv4 设置"和"IPv6 设置"4 个选项卡，在"有线"选项卡中显示的是网卡的物理地址。

单击"IPv4 设置"选项卡，如图 6-6 所示，在"方法"下拉列表框有 5 个选项，选择"手动"选项，给计算机配置静态 IP 地址，然后单击"添加"按钮，输入计算机的 IP 地址 192.168.14.2，子 网 掩 码 255.255.255.0，网关 192.168.14.254，DNS 服务器 192.168.14.3，设置完成单击"应用"按钮。

图 6-4　"网络连接"对话框

如果让设置的 IP 地址马上生效，可以注销系统，或者单击任务栏中的"网络连接"图标，选择"断开"命令，如图 6-7 所示。网络断开后，再选择"System eth0"命令即可重启网络。

图 6-5　物理地址选项卡　　　　　　图 6-6　设置网卡地址

图 6-7　重启网络连接

（2）使用 system-config-network 工具

在"终端"中输入命令 *system-config-network* 打开配置窗口，如图 6-8 所示。有两个选项卡，分别是"DNS 配置"和"设备配置"。

选择"DNS"配置，按【Enter】键，输入主机名"server"，主 DNS 为 192.168.14.3，如图 6-9 所示。

单击"确定"按钮后，回到图 6-8 所示界面，选择"设备配置"选项，按【Enter】键后设置 IP 地址是 192.168.14.2,默认网关是 192.168.14.254，主 DNS 服务器是 192.168.14.3，如图 6-10 所示。设置完成后单击"确定"按钮，再依次单击"保存"|"保存并退出"按钮即可退出。

图 6-8　system-config-network 界面

图 6-9　设置 DNS 服务器

图 6-10　设置网卡地址

2. 使用命令 ifconfig 查看网卡信息

在"终端"中输入命令 *ifconfig*，查看网卡信息，如图 6-11 所示。

图 6-11　查看网卡信息

ifconfig 是用指定或查看的参数设置网络接口，其中第一组是以太网卡 eth0 的配置参数，这里显示了第一个网卡的设备名/dev/eth0；硬件的 MAC 地址 00:0C:29:D6:13:8F，MAC 地址是生产厂家定的，每个网卡拥有的唯一地址；IP 地址是 192.168.14.2 和子网掩码等信息

第二组 lo 是 look-back 网络接口，从 IP 地址 127.0.0.1 就可以看出，它代表"本机"。无论系统是否接入网络，这个设备总是存在的，除非在内核编译的时候禁止了网络支持，这是一个称为回送设备的特殊设备，它自动由 Linux 配置以提供网络的自身连接。IP 地址 127.0.0.1 是一个特殊的回送地址（即默认的本机地址），可以使用 *ping 127.0.0.1* 来测试本机的 TCP/IP 协议是否正确安装了。

其中每一组的第四行中的"up"表示该接口被激活，否则显示为"down"；如果有两个以上的以太网卡，分别用 eth1、eth2…表示。如果一个网卡有两个以上的 IP 地址，该接口分别使用别名 eth0、eth0:0、eth0:1…等表示。

如果只是关心某个设备是否正常，可以在 ifconfig 后面加上接口名字：*ifconfig eth0*

3. 使用命令设置 IP 地址

ifconfig 除了可以查看网络接口地址外，还可以设置网络地址，使用命令 *ifconfig eth0 192.168.14.2 netmask 255.255.255.0* 设置 IP 地址，并且使用命令 *ifconfig* 查看 eth0 设置后的地址，如图 6-12 所示。

```
                              root@server:~                          _ □ ×
文件(F)  编辑(E)  查看(V)  搜索 (S)  终端(T)  帮助(H)

[ root@server ~]# ifconfig eth0 192.168.14.2 netmask 255.255.255.0
[ root@server ~]# ifconfig
eth0      Link encap:Ethernet   HWaddr 00:0C:29:D6:13:8F
          inet addr:192.168.14.2  Bcast:192.168.14.255  Mask:255.255.255.0
          inet6 addr: fe80::20c:29ff:fed6:138f/64 Scope:Link
          UP BROADCAST RUNNING MULTICAST  MTU:1500  Metric:1
          RX packets:7470 errors:0 dropped:0 overruns:0 frame:0
          TX packets:4410 errors:0 dropped:0 overruns:0 carrier:0
          collisions:0 txqueuelen:1000
          RX bytes:4283110 (4.0 MiB)  TX bytes:566385 (553.1 KiB)
          Interrupt:19 Base address:0x2024

lo        Link encap:Local Loopback
          inet addr:127.0.0.1  Mask:255.0.0.0
          inet6 addr: ::1/128 Scope:Host
          UP LOOPBACK RUNNING  MTU:65536  Metric:1
          RX packets:907 errors:0 dropped:0 overruns:0 frame:0
          TX packets:907 errors:0 dropped:0 overruns:0 carrier:0
          collisions:0 txqueuelen:0
          RX bytes:124026 (121.1 KiB)  TX bytes:124026 (121.1 KiB)

[ root@server ~]# 
```

图 6-12　使用 ifconfig 命令设置 IP 地址

可以使用命令 *route add default gw 192.168.14.254* 设置网关，使用命令 *route –n* 查看网关，如图 6-13 所示。

```
                              root@server:~                          _ □ ×
文件(F)  编辑(E)  查看(V)  搜索 (S)  终端(T)  帮助(H)

[ root@server ~]# route add default gw 192.168.14.254
[ root@server ~]# route -n
Kernel IP routing table
Destination     Gateway         Genmask         Flags Metric Ref    Use Iface
192.168.14.0    0.0.0.0         255.255.255.0   U     1      0        0 eth0
0.0.0.0         192.168.14.254  0.0.0.0         UG    0      0        0 eth0
0.0.0.0         192.168.14.254  0.0.0.0         UG    0      0        0 eth0
[ root@server ~]# 
```

图 6-13　设置网关

4. 禁用和重启网卡

如果要禁用网卡，可使用命令 *ifconfig 网络接口名 down*；如果要禁用网卡 eth0，可使用命令 *ifconfig eth0 down* 或者 *ifdown eth0*，如图 6-14 所示，再使用命令 *ifconfig* 查看，没有 eth0 的信息，说明网卡已经被禁用了。

```
                              root@server:~                          _ □ ×
文件(F)  编辑(E)  查看(V)  搜索 (S)  终端(T)  帮助(H)

[ root@server ~]# ifconfig eth0 down
[ root@server ~]# ifconfig
lo        Link encap:Local Loopback
          inet addr:127.0.0.1  Mask:255.0.0.0
          inet6 addr: ::1/128 Scope:Host
          UP LOOPBACK RUNNING  MTU:65536  Metric:1
          RX packets:919 errors:0 dropped:0 overruns:0 frame:0
          TX packets:919 errors:0 dropped:0 overruns:0 carrier:0
          collisions:0 txqueuelen:0
          RX bytes:125026 (122.0 KiB)  TX bytes:125026 (122.0 KiB)

[ root@server ~]# 
```

图 6-14　禁用网卡

如果要启动网卡，可使用命令 *ifconfig 网络接口名 up*；重启网卡 eth0，可使用命令 *ifconfig eth0 up* 或者 *ifupeth0*，如图 6-15 所示，再使用命令 *ifconfig* 查看，又可以看到 eth0 的信息，说明网卡重启成功。

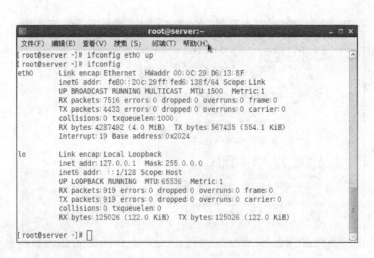

图 6-15　启动网卡

5. 使用命令 ping 检测网络连通性

（1）检测网络连通性

在"终端"中输入命令 *ping -c 3 192.168.14.80*，如图 6-16 所示。

图 6-16　检测网络连通性

ping 能测试基本的网络连通性。它是利用 TCP/IP 协议中的网际报文协议（ICMP）的 echo-request 数据包，强制从特定的主机返回响应，应答信息显示在计算机的屏幕上。Linux 下的 ping 命令是持续发送请求的，直到用户通过【Ctrl+C】组合键中断命令。ping 命令无法到达一台主机时，可能是网络接口问题、配置问题或物理连接等故障。可以利用 ICMP 的功能和能力来检测自己建立的网络是否有故障。

从图 6-16 中可以看出 ping 命令将报告它发送的每一个数据包从目标主机返回的详细信息，其中 icmp_seq 为包的序列号，time 为数据包返回时间（ms），上面命令发送了三个数据包。

所有的 TCP/IP 数据包含有名为 time-to-live 或 TTL 的项。每经过一个路由器这个值就被递减一次。当这个值为 0 时，数据包就被丢弃了，这样可以防止数据在网络上循环传送。

（2）ping 命令测试失败说明

ping 的出错信息主要有以下几种：

① Net work unreachable：说明本地主机没有有效地指向远程计算机的路径。

② No answer：说明远程主机对 ICMP Echo 信息不响应。利用 Linux 的 ping 命令，不会显示"No answer"这样的出错信息，反而当 ping 命令停止时显示"100% packet loss"。从主

机到远程主机的网络系统上任何一处发生服务中断都会引起这个问题。

③ Unknown host：意味着域名服务不能解析主机名，可以是 DNS 配置有错误。可以进行 DNS 的测试。

但是由于安全原因，有人可以会利用 ping flood 攻击系统。例如，黑客们可以利用特大的报文来 ping 目标主机，从而导致目标主机过于繁忙直至死机等。因此，现在很多服务器安装了防火墙，通常不允许 ICMP 报文的通过，可以防止这样的 icmp 攻击，所以用户不能从这样的主机得到 ping 命令的返回信息。

（3）ping 命令的参数说明

ping 命令的参数主要有：

-c count：发送 count 个数据包就停止。

-n：不显示主机名，只显示 IP 地址。

-q：只显示最后的统计结果，没有中间过程显示。

6. /etc/services 文件

/etc/services 文件记录网络服务名和它们对应的端口号及协议。文件中的每一行对应一种服务，它由 4 个字段组成，分别表示"协议名称""端口号""传输层协议"以及"注释"。一般不需要修改此文件的内容。Linux 系统在运行某些服务时，会用到这个文件。

/etc/services 文件中的部分内容如下所示：

```
ftp-data        20/tcp
ftp-data        20/udp
ftp             21/tcp
ftp             21/udp
ftp             20/udp
ssh             22/tcp          #SSH Romote Login Protocol
ssh             22/udp          #SSH Romote Login Protocol
telnet          23/tcp
telnet          23/udp
smtp            25/tcp      mail
smtp            25/udp      mail
```

7. /etc/resolv.conf 文件

/etc/resolv.conf 文件用于配置 DNS 客户，即在 DNS 客户端指定所使用的 DNS 服务器的相关信息。该文件包括 nameserver、search 和 domain 三个设置选项

（1）nameserver 选项：设置 DNS 服务器的 IP 地址，最多可以设置三个，并且每个 DNS 服务器的记录自成一行。当主机需要进行域名解析时，首先查询第一个 DNS 服务器，如果无法成功解析，则向第二个、第三个 DNS 服务器查询。

（2）search 选项：指定 DNS 服务器的域名搜索列表，最多可以设置 6 个。其作用在于进行域名解析工作时，系统将此设置的网络域名自动加在要查询的主机名之后进行查询。通常不设置此项。

（3）domain 选项：指定主机所在的网络域名，可以不设置。

下面是一个/etc/resolv.conf 文件的示例：

```
nameserver      192.168.14.3
search          lnjd.com
domain          lnjd.com
```

8. /etc/hosts 文件

/etc/hosts 文件是早期实现主机名称解析的一种方法，其中包含 IP 地址和主机名之间的对应关系。进行名称解析时，系统会直接读取该文件中设置的 IP 地址和主机名的对应记录。文件中的每一行对应一条记录，它一般由三个字段组成：IP 地址、主机完全域名和别名（可选）。该文件的默认内容如下：

```
127.0.0.1    localhost localhost.localdomain localhost4 localhost4.localdomain4
::1          localhost localhost.localdomain localhost6 localhost6.localdomain6
```

在没有指定域名服务器时，网络程序一般通过查询该文件来获取某个主机对应的 IP 地址。利用该文件，可实现在本机上的域名解析。例如，要将域名为 www.lnjd.com 的主机 IP 地址指向 192.168.14.5，则只需要在该文件中添加如下一行内容即可：

```
192.168.14.5  www.lnjd.com
```

9. /etc/nsswitch.conf 文件

/etc/nsswitch.conf 文件定义了网络数据库的搜索顺序，例如主机名称、用户密码、网络协议等网络参数。要设置名称解析的先后顺序，可利用/etc/nsswitch.conf 配置文件中的 hosts: 选项来制定，其默认解析顺序为 hosts 文件、DNS 服务器。对于 UNIX 系统，还可用 NTS 服务器来进行解析。

下面是该文件的部分默认配置：

```
Password:     files
shadow:       files
group:        files
hosts:        files  dns
natmasks:     files
networks:     files
protocols:    files
rpc:          files
services:     files
```

其中的 files 代表用/etc/hosts 文件来进行名称解析。

10. /etc/sysconfig/network 文件

给文件用于对网络服务进行总体配置，如是否启用网络服务功能，是否开启 IP 数据包转发服务等。在没有配置或安装网卡时，也需要设置该文件，以使本机的环回网络接口设备（lo）能够正常工作，该设备是 Linux 内部通信的基础。network 文件常用的设置选项及功能如表 6-1 所示。

表 6-1　network 文件常用选项名称与功能

选　项　名	功　　　　　能	设置值示例
NETWORKING	设置系统是否使用网络服务功能。一般应设置为 yes；若设置为 no，则不能使用网络，而且很多系统服务程序也将无法启动	yes
FORWARD_IPV4	设置是否开启 IPv4 的包转发功能。在只有一块网卡时，一般设置为 false；若安装有两块网卡，并要开启 IP 数据包的转发功能，则设置为 true	false
HOSTNAME	设置本机主机名，/etc/hosts 中设置的主机名要注意与此处的设置相同	Server
DOMAINNAME	设置本机的域名	Lnjd.com
GATEWAY	设置本机的网关 IP 地址	192.168.14.2
GATEWAYDEV	设置与网关进行通信时所使用的网卡的名称	eth0

11. /etc/sysconfig/network-scripts 目录

/etc/sysconfig/network-scripts 目录包含网络接口的配置文件以及部分网络命令。例如，ifcfg-eth0 为第一块网卡接口的配置文件，ifcfg-ppp0 为第一个 PPP 接口的配置文件，而 ifcfg-lo 则保存本地回环接口的相关信息等。

每个网络接口对应一个配置文件，其中包含网卡的设备名、IP 地址、子网掩码以及默认网关等配置信息。配置文件的名称通常具有以下格式：ifcfg-网卡类型以及网卡的序号。

Linux 支持一块物理网卡上绑定多个 IP 地址，此时对于每个绑定的 IP 地址，需要一个虚拟网卡，该网卡的设备名为 ethN:M，对应的配置文件名的格式为 ifcfg-ethN:M，其中 N 和 M 均为从 0 开始的数字，代表其序号。如第一块以太网卡上绑定的第二块虚拟网卡（设备名为 eth0：1）的配置文件名为 ifcfg-eth0:1.Linux 最多支持 255 个 IP 别名，对应的配资文件可通过复制 ifcfg-eth0 配置文件，并通过修改其配置内容来获得。

在网卡的配置文件中，每一行为一个配置项目，左边为项目名称，右边为当前设置值，中间用"="连接。配置文件中各项的名称与功能如表 6-2 所示。

表 6-2 网卡配置文件各选项的名称与功能

选 项 名	功 能	设置值示例
DEVICE	表示当前网卡设备的设备名	eth0
BOOTPROTO	设置 IP 地址的获得方式，static 代表静态指定 IP 地址，dhcp 为动态获取 IP 地址	static
BROADCAST	表示广播地址，可以不指定	192.168.14.255
IPADDR	该网卡的 IP 地址	192.168.14.2
NETMASK	该网卡的子网掩码	255.255.255.0
NETWORK	该网卡所处网络的网络地址，可以不指定	192.168.14.0
GATEWAY	网卡的默认网关地址	192.168.14.254
ONBOOT	设置在系统启动时，是否启用该网卡设备。yes 表示启用，no 表示不启用	yes

在 RHEL 6 安装过程中，会要求对网卡的 IP 地址、子网掩码、默认网关以及 DNS 服务器等进行指定和配置，这样安装完成后，其网卡已配置并可正常工作。根据需要也可重新对其进行配置和修改。

6.3.2 安装 DHCP 服务器

在 Linux 操作系统中，架设 DHCP 服务器需要安装服务器软件，在 RHEL 6 版本的操作系统中使用的软件是 dhcp-4.1.1-49.P1.el6.i386.rpm。在安装操作系统过程中，可以选择是否安装 DHCP 服务器，如果不确定是否安装了 DHCP 服务，使用命令进行查询。安装时使用 rpm 命令，需要先挂载光盘。安装完成后，查询安装的文件，并且启动 DHCP 服务器，设置 DHCP 服务器在下次系统登录时自动运行。

1. 安装 DHCP 软件

在安装 Red Hat Enterprise Linux 6 时，可以选择是否安装 DHCP 服务器。如果不能确定 DHCP 服务器是否已经安装，可以采取在"终端"中输入命令 *rpm –qa | grep dhcp* 进行验证。

如果如图 6-17 所示，说明系统已经安装 DHCP 服务器。

图 6-17　检测是否安装 DHCP 服务

如果安装系统时没有选择 DHCP 服务器，需要进行安装。在 Red Hat Enterprise Linux 6 安装盘中带有 DHCP 服务器安装程序。

管理员将安装光盘放入光驱后，使用命令 *mount /dev/cdrom /media* 进行挂载，然后使用命令 *cd /media/Packages* 进入目录，使用命令 *ls | grep dhcp* 找到安装包 dhcp–4.1.1–49.P1.el6.i386.rpm，如图 6-18 所示。

图 6-18　找到安装包

在"终端"命令窗口运行命令 *rpm –ivh dhcp-4.1.1-49.P1.el6.i386.rpm* 即可开始安装程序，如图 6-19 所示。

图 6-19　安装 DHCP 服务

在安装完 DHCP 服务后，可以利用以下的指令来查看安装后产生的文件，如图 6-20 所示。

```
文件(F)  编辑(E)  查看(V)  搜索(S)  终端(T)  帮助(H)
[root@server Packages]# rpm -ql dhcp
/etc/dhcp
/etc/dhcp/dhcpd.conf
/etc/dhcp/dhcpd6.conf
/etc/openldap/schema/dhcp.schema
/etc/portreserve/dhcpd
/etc/rc.d/init.d/dhcpd
/etc/rc.d/init.d/dhcpd6
/etc/rc.d/init.d/dhcrelay
/etc/rc.d/init.d/dhcrelay6
/etc/sysconfig/dhcpd
/etc/sysconfig/dhcpd6
/etc/sysconfig/dhcrelay
/etc/sysconfig/dhcrelay6
/usr/bin/omshell
/usr/sbin/dhcpd
/usr/sbin/dhcrelay
/usr/share/doc/dhcp-4.1.1
/usr/share/doc/dhcp-4.1.1/3.0b1-lease-convert
/usr/share/doc/dhcp-4.1.1/IANA-arp-parameters
/usr/share/doc/dhcp-4.1.1/README.ldap
/usr/share/doc/dhcp-4.1.1/api+protocol
/usr/share/doc/dhcp-4.1.1/dhclient-tz-exithook.sh
/usr/share/doc/dhcp-4.1.1/dhcpd-conf-to-ldap
/usr/share/doc/dhcp-4.1.1/dhcpd.conf.sample
/usr/share/doc/dhcp-4.1.1/dhcpd6.conf.sample
/usr/share/doc/dhcp-4.1.1/draft-ietf-dhc-ldap-schema-01.txt
/usr/share/doc/dhcp-4.1.1/ms2isc
/usr/share/doc/dhcp-4.1.1/ms2isc/Registry.perlmodule
/usr/share/doc/dhcp-4.1.1/ms2isc/ms2isc.pl
```

图 6-20　查看安装 DHCP 后产生的文件

在上述的文件中，最重要的文件有三个：

第一个是/etc/rc.d/init.d/dhcpd，它是 DHCP 服务器程序。

第二个是/var/lib/dhcpd/dhcpd.leases，它负责客户端 IP 租约的内容。

第三个是/usr/share/doc/dhcp-4.1.1/dhcpd.conf.sample，它是 DHCP 服务器配置文件的模板。在上述文件中，存在文件/etc/dhcpd.conf，这是 DHCP 服务器的主配置文件，不过这个文件是空白的，需要将文件/usr/share/doc/dhcp-4.1.1/dhcpd.conf.sample 复制后，覆盖这个文件。

2. 启动与关闭 DHCP 服务器

DHCP 的配置完成后，必须重新启动服务。可以有两种方法进行启动：

（1）利用命令启动 DHCP 服务器

可以在"终端"命令窗口运行命令 *service dhcpd start* 来启动、命令 *service dhcpd stop* 来关闭或命令 *service dhcpd restart* 来重新启动 DHCP 服务，如图 6-21～图 6-23 所示。

图 6-21　启动 DHCP 服务

图 6-22　停止 DHCP 服务

图 6-23　重新启动 DHCP 服务

（2）利用图形化界面启动 DHCP 服务器

用户也可以利用图形化桌面进行 DHCP 服务器的启动与关闭。在图形界面下使用"服务配置"窗口进行 DHCP 服务器的启动与运行。依次单击"系统"|"管理"|"服务器设置"|"服务"，出现如图 6-24 窗口。

图 6-24　服务配置窗口

选择 dhcpd，利用"开始""停止"和"重启"按钮可以完成服务器的停止、开始以及重新启动，如图 6-24 所示。这样就说明 DHCP 服务器已经正常启动。

3. 查看 DHCP 服务器状态

可以通过 *service dhcpd status* 查看 DHCP 服务器目前运行的状态，如图 6-25 所示。

图 6-25　查看 DHCP 服务器状态

4. 设置开机时自动运行 DHCP 服务器

DHCP 服务器是非常重要的服务，在开机时应该自动启动，来节省每次手动启动的时间，并且可以避免 DHCP 服务器没有开启停止服务的情况。

在开机时自动开启 DHCP 服务器，有以下几种方法：

（1）通过 ntsysv 命令设置 DHCP 服务器自动启动

在"终端"中输入 *ntsysv* 命令后，出现如图 6-26 所示对话框，将光标移动到"dhcpd"选项，然后按【空格】键选择，最后使用【Tab】键将光标移动"确定"按钮，并按【Enter】键完成设置。

图 6-26　以 ntsysv 设置 DHCP 服务器自动启动

（2）以"服务配置"设置 DHCP 服务器自动启动

依次单击"系统"|"管理"|"服务器设置"|"服务"|"dhcpd"选项，然后再选择上方工具栏中的"文件"|"保存"，即可完成设置。

（3）以 chkconfig 设置 DHCP 服务器自动启动

在"终端"中输入命令 *chkconfig --level 5 dhcpd on*，如图 6-27 所示。

图 6-27　以 chkconfig 设置 DHCP 服务器自动启动

以上的命令表示如果系统运行 Run Level 5 时，即系统启动图形界面的模式时，自动启动 DHCP 服务器。也可以配合--list 参数的使用，来显示每个 Level 是否自动运行 DHCP 服务器。

6.3.3　配置 DHCP 服务器

管理员要为公司配置 DHCP 服务器，为公司 200 台客户机提供 IP 地址分配，并且为公司的其他服务器分配固定 IP 地址。首先进行网络规划，因为公司使用网段 192.168.14.0/24，要为 200 台主机提供服务，在网络实施之前，规划地址时，将地址池的范围规划在 192.168.14.10/24 ~ 192.168.14.245/24，并且给公司其他服务器分配特定 IP 地址，其中，默认网关的 IP 地址是 192.168.14.254、 DNS 服务器的 IP 地址是 192.168.14.3；FTP 服务器的 IP 地址是 192.168.14.1、邮件服务器的 IP 地址是 192.168.14.4、Web 服务器的 IP 地址是 192.168.14.5 和 192.168.14.6。首先安装 DHCP 服务器，然后按照公司要求进行配置，最后客户端获得 IP 地址，验证成功。

1. 准备 DHCP 服务器的配置文件

DHCP 的配置主要是通过配置文件 dhcpd.conf 来完成的，该文件存放的位置是/etc/dhcp 目录，但由于系统安装后该文件是空白内容，管理员可以使用 Vi 编辑器自己编写配置文件，也可以将配置文件模板/usr/share/doc/dhcp-4.1.1/dhcpd.conf.sample 复制到目录/etc/dhcp 中，修改名称为 dhcpd.conf，系统会提示是否覆盖源文件，输入 *y* 覆盖源文件，如图 6-28 所示。

图 6-28　复制 dhcpd.conf 文件

2. 配置文件解析

使用 Vi 编辑器打开配置文件，即 *vi /etc//dhcp /dhcpd.conf*，按照公司要求，进行配置，编写好的配置文件 dhcpd.conf 的内容如图 6-29 所示。

```
option domain-name "example.org";
option domain-name-servers ns1.example.org, ns2.example.org;
default-lease-time 600;
max-lease-time 7200;
ddns-update-style none;
log-facility local7;
subnet 10.5.5.0 netmask 255.255.255.224 {
  range 10.5.5.26 10.5.5.30;
  option domain-name-servers ns1.internal.example.org;
  option domain-name "internal.example.org";
  option routers 10.5.5.1;
  option broadcast-address 10.5.5.31;
  default-lease-time 600;
  max-lease-time 7200;
}
host passacaglia {
  hardware ethernet 0:0:c0:5d:bd:95;
  filename "vmunix.passacaglia";
  server-name "toccata.fugue.com";
}
class "foo" {
  match if substring (option vendor-class-identifier, 0, 4) =
"SUNW";
}
shared-network 224-29 {
  subnet 10.17.224.0 netmask 255.255.255.0 {
    option routers rtr-224.example.org;
```

图 6-29　配置文件 dhcpd.conf 内容

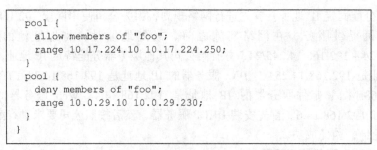

```
pool {
  allow members of "foo";
  range 10.17.224.10 10.17.224.250;
}
pool {
  deny members of "foo";
  range 10.0.29.10 10.0.29.230;
  }
}
```

图 6-29　配置文件 dhcpd.conf 内容（续）

下面逐一介绍配置文件中的内容和作用。

（1）option domain-name "example.org";

设置 DNS 域名后缀，示例是"example.org"。

（2）option domain-name-servers ns1.example.org, ns2.example.org;

指定 DNS 服务器的域名或 IP 地址，示例是 ns1.example.org、ns2.example.org。

（3）default-lease-time 600;

为 DHCP 客户机设置默认的地址租期。"租用期"是 DHCP 服务器指定 IP 地址租用时间长度。在此期间，客户端计算机可以使用指派的 IP 地址。将租用指定给客户端时，在租用到期前，客户端一般需要使用服务器来更新它的地址租用指派。租用在服务器上过期或被删除时，会变成非使用配置，而租用持续期间决定了何时过期，以及客户端每隔多久需要跟服务器进行更新。

（4）max-lease-time 7200

为 DHCP 客户机设置最长的地址租期，单位是秒。

（5）ddns-update-style none

设置 ddns 的更新方案，有 ad-hoc、interim 和 none 三种定义值。

（6）log-facility local7

将 DHCP 服务日志信息发送到另外的 log 文件中。

（7）subnet 10.5.5.0 netmask 255.255.255.224 {
```
    range 10.5.5.26 10.5.5.30;
    option domain-name-servers ns1.internal.example.org;
    option domain-name "internal.example.org";
    option routers 10.5.5.1;
    option broadcast-address 10.5.5.31;
    default-lease-time 600;
    max-lease-time 7200;}
```

该字段设置地址池。地址池，顾名思义，就是网络中可以使用的 IP 地址的集合，当地址被指派后，该地址会有这个池中删除，如果此地址被释放后，它又会重新加入池中。DHCP 服务器就是利用地址池中的地址来动态指派给网络中的 DHCP 客户端。subnet 10.5.5.0 netmask 255.255.255.224 定义子网地址和子网掩码；range 10.5.5.26 10.5.5.30 定义可以分配的 IP 地址范围；option routers 10.5.5.1 定义网关；option broadcast-address 10.5.5.31 定义广播地址。

（8）host fantasia {
```
    hardware ethernet 08:00:07:26:c0:a5;
    fixed-address fantasia.fugue.com;}
```

设置 DNS 主机声明，如果 MAC 地址为 08:00:07:26:c0:a5 的 DNS 服务器向 DHCP 服务器申请 IP 地址时，DHCP 服务器为该主机分配 fixed-address 指定的固定的 IP 地址。

（9）
```
class "foo" {
match if substring (option vendor-class-identifier, 0, 4) = "SUNW";}
shared-network 224-29 {
subnet 10.17.224.0 netmask 255.255.255.0 {
  option routers rtr-224.example.org;}
subnet 10.0.29.0 netmask 255.255.255.0 {
  option routers rtr-29.example.org;}
pool {
  allow members of "foo";
  range 10.17.224.10 10.17.224.250;}
pool {
  deny members of "foo";
  range 10.0.29.10 10.0.29.230; }
```

该字段声明一个客户机类，名称为 foo，可以通过这个类进行地址分配。shared-network 字段定义共享网络；pool {allow members of "foo";range 10.17.224.10 10.17.224.250;}字段定义为属于 foo 类中的客户机指定分配的 IP 地址范围；pool {deny members of "foo";range 10.0.29.10 10.0.29.230; }字段定义为属于 foo 类以外的客户机分配的 IP 地址范围。

3. 修改配置文件，完成 DHCP 服务器配置

```
option domain-name "lnjd.com";              //设置域名后缀为 lnjd.com
option domain-name-servers server.lnjd.com; //名称服务器是 server.lnjd.com
default-lease-time 600;                      //指定默认租期是 600 秒
max-lease-time 7200;                         //指定最大租期是 7200 秒
ddns-update-style none;
log-facility local7;
subnet 192.168.14.0 netmask 255.255.255.0 {
    range 192.168.14.10 192.168.14.245;     //子网地址是 192.168.14.0,地址池
范围是 192.168.14.10 192.168.14.245
  option domain-name-servers server.lnjd.com;
  option domain-name "lnjd.com";
  option routers 192.168.14.254;           //网关是 192.168.14.254
  option broadcast-address 192.168.14.255; //广播地址是 192.168.14.255
  default-lease-time 600;
  max-lease-time 7200;
}
  host dns {
  hardware ethernet 74:27:EA:B6:AD:89;
  fixed-address 192.168.14.3;
}
  host ftp{
  hardware ethernet 74:27:EA:B6:AD:88;
  fixed-address 192.168.14.1;
}
host mail{
  hardware ethernet 00:0C:29:26:A1:69;
  fixed-address 192.168.14.4;
}
```

```
host web{
    hardware ethernet 00:0C:29:26:A1:70;
    fixed-address 192.168.14.5;
}
```

最后 host 字段设置 DNS 主机声明，如果 MAC 地址为 74:27:EA:B6:AD:89 的 DNS 服务器向 DHCP 服务器申请 IP 地址时，DHCP 服务器为该主机分配固定的 IP 地址 192.168.14.3。同样的原理，当物理地址为 74:27:EA:B6:AD:88 的 FTP 服务器申请 IP 地址时，DHCP 服务器为该主机分配固定的 IP 地址 192.168.14.1；当物理地址为 00:0C:29:26:A1:69 的邮件服务器申请 IP 地址时，DHCP 服务器为该主机分配固定的 IP 地址 192.168.14.4；当物理地址为 00:0C:29:26:A1:70 的 Web 服务器申请 IP 地址时，DHCP 服务器为该主机分配固定的 IP 地址 192.168.14.5。

4. DHCP 服务器的调试

DHCP 服务器启动后，如果有客户机申请 IP 地址，会记录在日志中，可以使用命令 *tail /var/log/messages* 将其打印在屏幕上进行查看，如图 6-30 所示。

图 6-30　查看日志

从图 6-30 中可以看出，10 月 2 日，DHCP 服务器将 IP 地址 192.168.14.11 分配给主机 user。

申请 IP 地址的客户机信息会详细记载在配置文件 dhcpd.leases 中，在"终端"中输入命令 *more /var/lib/dhcpd/dhcpd.leases* 进行查看，结果如图 6-31 所示，可以看到 192.168.14.11 的 IP 地址被分配给客户机名称为 user 的计算机。

图 6-31　查看 dhcpd.leases 内容

6.3.4 DHCP 客户端使用 DHCP 服务器

管理员配置 DHCP 服务器后，客户机需要申请 IP 地址，这样才能使用 DHCP 服务器提供的服务。如果客户端使用的是 Windows 操作系统，可是在 Internet 协议（TCP／IP）中选择自动获得 IP 地址；如果客户端使用的是 Linux 操作系统，需要修改配置文件/etc/sysconfig/network-script/ifcfg-eth0，自动获得 IP 地址。

1. 使用 Windows 客户端

如果客户端为 Windows 8 操作系统，打开"控制面板"｜"网络和 Internet"｜"网络和共享中心"｜"更改适配器设置"｜"以太网"的属性，如图 6-32 所示，选取"Internet 协议版本4（TCP／IPv4）"选项，单击"属性"按钮，出现如图 6-33 所示的对话框，选择"自动获得 IP 地址"单选按钮，同时选择"自动获得 DNS 服务器地址"单选按钮，就可以获得 DHCP 服务器分配的 IP 地址。

图 6-32　Internet 协议　　　　图 6-33　指定自动获得 IP 地址

但是，在该属性中无法查看本机的 IP 地址，要使用"命令提示符"进行操作。在"运行"中输入 *cmd* 或者单击"开始"｜"程序"｜"附件"｜"命令提示符"，出现命令窗口，输入 *ipconfig/all* 命令，查看结果如图 6-34 所示。

可以看到，客户端的 IP 地址是 192.168.14.11，DHCP 服务器是 192.168.14.2，默认网关是是 192.168.14.254，域名是 lnjd.com，与 DHCP 服务器设置一致，说明 DHCP 服务器正常工作。以 Linux 操作系统为平台设置的 DHCP 服务器，为客户机分配 IP 地址时，从地址池可用的范围内从小到大进行分配。

为了进一步了解 DHCP 服务器工作过程，使用命令 *ipconfig/release* 命令将 IP 地址释放，如图 6-35 所示，IP 地址没有了。

图 6-35 说明 IP 地址已经成功释放，再使用命令 *ipconfig/renew* 重新获得 IP 地址，此地址就是由 DHCP 服务器负责分配。如图 6-36 所示。第一次服务器为客户机分配的 IP 地址是 192.168.14.11，第二次分配时尽量分配相同的 IP 地址，除非该地址已经不在地址池的可用范围内。

图 6-34　查看自动获得地 IP 地址

图 6-35　释放 IP 地址

图 6-36　重新获得 IP 地址

2. 使用 Linux 客户端

（1）使用命令 *vi /etc/sysconfig/network-scrips/ifcfg-eth0* 打开文件，将 BOOTPROTO=none 修改为 BOOTPROTO=DHCP，如图 6-37 所示。

（2）使用命令 *ifdown eth0* 关闭网卡，再使用命令 *ifup eth0* 启动网卡，如图 6-38 所示。

（3）使用命令 *ifconfig eth0* 查看获得的 IP 地址，如图 6-39 所示。Linux 客户机获得的 IP 地址是 192.168.14.12，可以看出 DHCP 服务器分配原则是从大到小依此进行。

```
DEVICE=eth0
TYPE=Ethernet
UUID=b6956463-ef17-42ae-a88d-82c311183496
ONBOOT=no
NM_CONTROLLED=yes
BOOTPROTO=DHCP
IPADDR=192.168.14.81
PREFIX=24
GATEWAY=192.168.14.254
DNS1=192.168.14.3
DEFROUTE=yes
IPV4_FAILURE_FATAL=yes
IPV6INIT=no
NAME="System eth0"
USERCTL=no
HWADDR=00:0C:29:D6:13:8F
LAST_CONNECT=1443742518
-- INSERT --
```

图 6-37　修改 Linux 自动获得 IP 地址

```
[root@server ~]# ifup eth0
活跃连接状态：激活的
活跃连接路径：/org/freedesktop/NetworkManager/ActiveConnection/10
[root@server ~]#
```

图 6-38　重启网卡，获得 IP 地址

```
[root@server ~]# ifconfig eth0
eth0      Link encap:Ethernet  HWaddr 00:0C:29:D6:13:8F
          inet addr:192.168.14.12  Bcast:192.168.14.255  Mask:255.255.255.0
          inet6 addr: fe80::20c:29ff:fed6:138f/64 Scope:Link
          UP BROADCAST RUNNING MULTICAST  MTU:1500  Metric:1
          RX packets:25574 errors:0 dropped:0 overruns:0 frame:0
          TX packets:19182 errors:0 dropped:0 overruns:0 carrier:0
          collisions:0 txqueuelen:1000
          RX bytes:7353722 (7.0 MiB)  TX bytes:1497528 (1.4 MiB)
          Interrupt:19 Base address:0x2024

[root@server ~]#
```

图 6-39　查看获得 IP 地址

6.4　项目总结

本项目学习了 DHCP 服务器的建立与管理，DHCP 服务器主要通过配置文件 dhcpd.conf 进行配置，要求掌握服务器的 IP 地址和机器名的设置方法，能够安装服务，根据网络需求进行 DHCP 服务器配置，并能为 Windows 客户端和 Linux 客户端获得 IP 地址。

6.5　项目实训

1. 实训目的

（1）掌握 DHCP 服务器的基本知识。

（2）能够配置 DHCP 服务器。

（3）能够进行客户端进行验证。

2. 实训环境

（1）Linux 服务器。

（2）Windows 客户机。

3. 实训内容

（1）规划 DHCP 服务器，并画出网络拓扑图。

（2）配置 DHCP 服务器。

① 启动 DHCP 服务。

② IP 地址池的范围是 192.168.14.100～192.168.14.250。

③ 网关地址：192.168.14.253。

④ 域名服务器地址：192.168.14.252。

⑤ 域名 linux.com。

⑥ 默认租约有效期：1 天；最大租约有效期：3 天。

（3）在客户端进行申请 IP 操作。

在客户端分别使用 Windows 和 Linux 操作系统访问 DHCP 服务器，申请 IP 地址。

（4）设置 DHCP 服务器自动运行。

4. 实训要求

实训分组进行，可以 2 人一组，小组讨论，确定方案后进行讲解；教师给予指导，全体学生参与评价。方案实施过程中，一个计算机作为 DHCP 服务器，另一个计算机作为客户机，要轮流进行角色转换。

5. 实训总结

完成实训报告，总结项目实施中出现的问题。

6.6 项 目 练 习

一、选择题

1. TCP/IP 协议中，（　　）协议是用来进行 IP 地址自动分配的。

    A. ARP   B. DHCP   C. DNS   D. IP

2. DHCP 服务器配置完成后，（　　）命令可以启动 DHCP 服务。

    A. service dhcpd stop   B. service dhcp restart

    C. service dhcpd start   D. service dhcp start

3. DHCP 服务器的主配置文件是（　　）。

    A. smb.conf   B. named.conf   C. dhcpd.conf   D. httpd.conf

4. 为计算机设置 IP 地址的命令是（　　）。

    A. ipconfig   B. ifconfig   C. ifdowm   D. ifup

5. 在 Linux 操作系统中，主机名保存在（　　）配置文件中。

    A. /etc/fstab   B. /etc/network

    C. /etc/sysconfig/network   D. /etc/hosts

6. Linux 系统的第二块以太网卡的配置文件绝对路径名是（　　）。

    A. /etc/sysconfig/network/ifcfg-eth0

    B. /etc/sysconfig/network/ifcfg-eth1

    C. /etc/sysconfig/network-scripts/ ifcfg-eth0

    D. /etc/sysconfig/network-scripts/ ifcfg-eth1

7. 在 Linux 操作系统中，用于设置 DNS 服务器的配置文件是（　　）。

    A. /etc/resolv.conf   B. /etc/network

    C. /etc/sysconfig/network   D. /etc/hosts

8. DHCP 是动态主机配置协议的简称，其作用是可以使网络管理员通过一台服务器来管理一个网络，自动地为一个网络中的主机分配（　　）地址。

    A. 网络   B. MAC   C. TCP   D. IP

9. 使用 DHCP 服务器不能为客户端分配下列（　　）网络参数。

    A. 默认网关   B. 子网掩码

    C. Web 代理服务器   D. IP 地址

二、填空题

1. DHCP 工作过程包括_____、_____、_____和_____ 4 种报文。

2. 重启 DHCP 服务器使用命令_____。

3. DHCP 服务就是_____，DHCP 的英文全称是_____。

4. 配置 Linux 客户端需要修改网卡配置文件，将 BOOTPROTO 项内容设置为_____。

5. 设置 DHCP 服务开机自动运行的命令是_____。

6. 在 Windows 环境下，使用_____命令查看 IP 地址配置，使用_____命令释放 IP 地址，使用_____命令获得 IP 地址。

项目⑦

→ 架设 Samba 服务器

Samba 服务器是实现 Linux 网络和 Microsoft 网络的资源共享的工具。它通过运行 SMB 协议和 Windows 系统通信实现资源共享。

7.1 项目描述

某公司网络管理员要以 Linux 网络操作系统为平台，配置 Samba 服务器，公司网络拓扑如图 7-1 所示，Samba 服务器的 IP 地址是 192.168.14.2。

| Samba
服务器 | FTP
服务器 | 邮件
服务器 | DHCP
服务器 | Samba
客户机 |

图 7-1　公司局域网

公司的网络管理员为了完成该项目，需要进行网络规划，使用 Samba 作为文件服务器，首先创建共享目录，为所有员工共享文件，使用基于 share 级别的 Samba 服务器共享方式实现。再为不同部门的员工创建账号，然后创建共享目录，将不同部门的员工加入不同的组群中，接着配置 Samba 服务器，最后在客户机上进行访问共享资源，实现员工只能访问自己的主目录和部门资源，不能访问其他部门的资源，该功能使用基于 user 级别的 Samba 服务器共享方式实现。

7.2 相关知识

7.2.1 Samba 软件概述

Samba 软件由 Andrew Tridgell 在 1991 年开发。

Samba 是一个软件包，它可以运行在 UNIX、Linux、OpenVMS 等很多系统上。共含 5 个

rpm 包：samba、samba-winbind、samba-winbin-clients、samba-common 和 samba-client。这 5 个包的具体作用是：

（1）samba：基本 Samba 服务器包，包括 Linux 和 Microsoft 用户名和密码等。

（2）samba-client：这个包可以使 Linux 主机共享 Microsoft 的资源。

（3）samba-common：这个包支持 Linux 主机成为 Samba 客户机和 Samba 服务器。

（4）samba-winbind 和 samba-winbin-clients：这两个软件包可以把 Windows 域账号里的用户和组信息映射成 Liunx 的用户和组群。

Samba 有两个守护进程：smbd（SMB 守护进程）和 nmbd（NetBIOS 名称服务器）。smbd 用来实现 Windows 客户机能使用 Linux 上的共享的文件和打印服务。尽管 Samba 采用的是 NetBIOS 服务与 SMB 客户共享资源，但底层的网络协议必须是 TCP/IP。Linux 系统上的 Samba 只支持 TCP/IP 协议。

7.2.2　Samba 软件功能

Samba 软件的功能主要有：

（1）共享 Linux 的文件系统。

（2）共享安装在 Samba 服务器上的打印机。

（3）共享 Windows 客户使用网上邻居浏览网络。

（4）使用 Windows 系统共享的文件和打印机。

（5）支持 Windows 域控制器和 Windows 成员服务器对使用 Samba 资源的用户进行认证。

（6）支持 WINS 名字服务器解析和浏览。

（7）支持 SSL 安全套接层协议。

7.2.3　Samba 的配置文件

Samba 服务器的配置主要是通过配置文件 smb.conf 来完成的，该配置文件存放在目录 /etc/samba 中。smb.conf 主要有两个字段：Global 和 Share Definitions，Global 字段用于定义全局参数，Share Definitions 字段用于定义用户的共享，可以根据用户需要定义多个。

1.　全局设置部分（Global）的配置参数

全局设置部分包括包括一个（Global）段，定义了多个全局参数值。其中常用的全局参数及其含义如表 7-1 所示。

表 7-1　Samba 服务器的全局参数

参　数　名	说　　　明
workgroup	设置 Samba 服务器所在的工作组，可以在 Windows 网上邻居中看到该工作组的名称。默认为 MYGROUP
server　ring	设置 Samba 服务器的描述信息，可以显示在 Windows 网上邻居中。默认值为 Samba Server
host　allow	指定可访问 Samba 服务器的 IP 地址范围。默认是允许所有的 IP 访问
Printcap　name	设置打印机配置文件路径。默认为 /etc/printcap
Load printers	设置是否加载 printcap 文件中定义的所有打印机。默认为 yes

参　数　名	说　　　明
printing	设置打印系统类型。通常的打印机类型包括 bsd、sysv、lprng、plp、hpux、qnx、aix 和 cups 等，默认为 cups
log file	设置 Samba 日志文件的保存路径。默认值为/var/log/samba/%m.log。%m 表示客户机 NetBIOS 名称的宏扩展，log 会在此目录中为每个登录 Samba 的用户建立不同的日志文件
max log size	设置日志文件的大小，以 KB 为单位。默认为 50 KB
security	设置 Samba 的等级安全。Samba 服务器提供了 5 种安全等级，分别是 share、user、server、domain 和 ads，默认为 user
password　server	当 Samba 服务器的安全等级不是 share 或 user 时，用于指定 Samba 用户和密码的服务器名
passdb backend	设定用户身份信息的存放方式。有三种方式：smbpasswd、tdbsam 和 ldapsam。默认为 tdbsam
domain master	设置 Samba 服务器是否成为网域主浏览器
domain logons	设置 Samba 服务器是否成为域控制器
load printers	自动加载打印机列表
cups options	向打印机 CUPS 驱动传递参数
printcap name	选择一个 printcap 文件

全局设置部分的 security 参数对于 Samba 服务器的配置是一个十分重要的参数。RHEL 6 中采用 Samba 3.6.23 版本，该版本支持以下 5 种安全等级：

（1）share：采用匿名登录，用户不需要输入 Samba 用户名和密码就可以登录 Samba 服务器。

（2）user：由 Samba 服务器负责检查 Samba 用户名和密码，验证成功后用户才能访问相应的共享目录。这是 Samba 服务器默认的安全等级。

（3）server：由一台服务器（可以是 Samba 服务器，也可以是 Windows 服务器）进行用户身份认证。此时必须指定负责验证的那个服务器的 NetBIOS 名称。

（4）domain：表示该 Samba 服务器在某个 Windows 域中，即该 Samba 服务器作为域中的一台成员服务器，此时身份认证需要到 PDC 或 BDC 上去进行。需要指定 PDC 或 BDC 的 NetBIOS 名称。

（5）ads：表示该 Samba 服务器是活动目录中的一台成员服务器，此时身份认证需要由活动目录域服务器来负责。需要指定活动目录域服务器的 NetBIOS 名称。

2. 共享定义部分的配置参数

smb.com 文件的共享定义部分由｛homes｝段、｛printers｝段和若干｛自定义目录｝段组成，各段功能如下：

（1）｛homes｝段：定义用户主目录共享。

（2）｛printers｝段：定义打印机共享。

（3）｛自定义目录｝段：定义用户自定义的目录共享。

以上各段中常用的共享资源参数及其含义如表 7-2 所示。

表 7-2　Samba 服务器的共享资源参数

参　数　名	说　　　明
comment	设置共享目录的描述信息
path	设置共享目录的路径

参 数 名	说 明
browseable	设置是否开放每个共享目录的浏览权限
writeable	设置是否开放写权限
guest ok	设置是否允许 guest 账号访问
read only	设置共享目录是否只可读
public	设置是否对所有用户开放
guest only	设置是否只允许 guest 账号访问
valid user	设置允许访问共享目录的用户

需要进一步说明的是，Samba 服务器将 Linux 中的部分目录共享给 Samba 用户时，共享目录的权限不仅与 smb.com 文件中设定的共享权限有关，而且还与其本身的文件系统权限有关。Linux 规定：Samba 共享目录的权限是文件系统权限与共享权限中最严格的那种权限。

7.3 项 目 实 施

7.3.1 安装 Samba 服务器

管理员要为公司配置 Samba 服务器，为员工提供资源共享，需要安装 Samba 服务器软件。在安装操作系统过程中，可以选择是否安装 Samba 服务器，如果不确定是否安装了 Samba 服务，可以使用命令进行查询。安装时使用 rpm 命令，需要先挂载光盘。安装完成后，查询安装的文件，并且启动 Samba 服务器，设置 Samba 服务器在下次系统登录时自动运行。

1. 安装 Samba 服务器

在安装 Red Hat Enterprise Linux 6 时，可以选择是否安装 Samba 服务器。如果不能确定 Samba 服务器是否已经安装，可以在"终端" 中输入命令 *rpm –qa | grep samba* 进行验证。如果如图 7-2 所示，说明系统已经安装 Samba 服务器。

图 7-2　检测是否安装 Samba 服务

如果安装系统时没有选择 Samba 服务器，需要进行安装。在 Red Hat Enterprise Linux 6 安装盘中带有 Samba 服务器安装程序。

管理员将安装光盘放入光驱后，使用命令 *mount /dev/cdrom /media* 进行挂载，然后使用命令 *cd /media/Packages* 进入目录，使用命令 *ls | grep samba* 找到安装包，如图 7-3 所示。

然后在"终端"命令窗口运行命令 *rpm –ivh samba-3.6.23-20. el6.i686.rpm* 即可开始安装程序，如图 7-4 所示。使用类似的命令 *rpm –ivh samba-client-3.6.23-20. el6.i686.rpm*、*rpm–ivh samba-common-3.6.23-20. el6.i686.rpm*、*rpm –ivh　samba-winbind-3.6.23-20. el6.i686.rpm*、*rpm*

–ivh   samba-winbind-clients-3.6.23-20. el6.i686.rpm 安装其他 4 个软件包。

图 7-3　找到安装包

图 7-4　安装 Samba 服务器

2. 启动与关闭 Samba 服务器

Samba 的配置完成后，必须重新启动服务器。可以有两种方法进行启动：

（1）利用命令启动 Samba 服务器

可以在"终端"命令窗口使用命令 *service smb start*、*service nmb start* 来启动，使用命令 *service smb stop*、*service nmb stop* 来关闭，使用命令 *service smb restart*、*strvice nmb restart* 来重新启动 samba 服务器，如图 7-5～图 7-7 所示。

图 7-5　启动 Samba 服务器

图 7-6 停止 Samba 服务器

图 7-7 重新启动 Samba 服务器

（2）利用图形化界面启动 Samba 服务器

用户也可以利用图形化桌面进行 Samba 服务器的启动与关闭。在图形界面下使用"服务"对话框进行 Samba 服务器的启动与运行。依次单击"系统"|"管理"|"服务"，出现如图 7-8 所示对话框，选择 smb，利用"开始""停止"和"重启"按钮可以完成服务器的开始、停止以及重新启动。

图 7-8 启动 Samba 提示框

3. 查看 Samba 服务器状态

可以通过输入相应命令查看 Samba 服务器目前运行的状态，如图 7-9 所示。

图 7-9　查看 Samba 服务器状态

4. 设置开机时自动运行 Samba 服务器

Samba 服务器是非常重要的服务器，在开机时应该自动启动，以节省每次手动启动的时间，并且可以避免 Samba 服务器没有开启停止服务的情况。

在开机时自动开启 Samba 服务器，有以下几种方法：

（1）通过 ntsysv 命令设置 Samba 服务器自动启动

在"终端"中输入 *ntsysv* 命令后，出现如图 7-10 所示对话框，将光标移动到"smb"选项，然后按【空格】键选择，最后使用【Tab】键将光标移动到"确定"按钮处，并按【Enter】键完成设置。

图 7-10　以 ntsysv 设置 Samba 服务器自动启动

（2）以"服务配置"设置 Samba 服务器自动启动

依次单击"系统"丨"管理"丨"服务器设置"丨"服务"，选择 smb 选项，然后再选择上方工具栏中的"文件"丨"保存"命令，即可完成设置。

（3）以 chkconfig 设置 Samba 服务器自动启动

在"终端"中输入命令 *chkconfig --level 5 smb on*，如图 7-11 所示。

图 7-11　以 chkconfig 设置 Samba 服务器自动启动

以上的命令表示如果系统运行 Run Level 5 时，即系统启动图形界面的模式时，自动启动 Samba 服务器。也可以配合--list 参数的使用，来显示每个 Level 是否自动运行 Samba 服务器。

7.3.2 配置 share 级 Samba 服务器

为了工作需要，所有员工都能够访问公司的共享资源，这些共享资源安全性要求比较低，所有用户都可以匿名进行访问。将目录/home/samba 作为共享目录，将公司可以提供给用户使用的共享资源都放在该目录下，使用基于 share 共享的方式建立 Samba 服务器。

1. 创建共享目录，并创建共享文件

使用命令 *mkdir /home/samba* 创建共享文件夹，再使用命令 *touch /home/samba/共享文件.txt* 创建文件，如图 7-12 所示。

```
                              root@server:~                        _ □ ×
文件(F)  编辑(E)  查看(V)  搜索(S)  终端(T)  帮助(H)
[root@server ~]# mkdir /home/samba
[root@server ~]# touch /home/samba/共享文件.txt
[root@server ~]# ls /home/samba
共享文件.txt
[root@server ~]#
```

图 7-12 准备共享文件

2. 修改配置文件，创建基于 share 级别的 Samba 共享

使用命令 *vi /etc/samba/smb.conf* 打开 Samba 服务器的主配置文件，将配置文件修改为如图 7-13 所示。

```
[global]
workgroup = workgroup//定义 Samba 服务器所在的工作者是 workgroup
server string = Samba Server Version %v//定义 Samba 服务器的描述信息
log file = /var/log/samba/log.%m//定义 Samba 日志的保存路径。
max log size = 50//定义 Samba 服务器日志文件的大小。
security = share//定义 Samba 服务器//定义 Samba 服务器的安全等级是 share
[public]  //定义 Samba 服务器的共享资源
          comment = Public Stuff//设置共享资源的描述信息
          path = /home/samba//设置共享资源的路径
          public = yes//设置共享资源对所有用户开放
          writable = yes//设置共享资源开放写权限
```

图 7-13 配置 share 级别的主配置文件内容

3. 重启 Samba 服务器

使用命令 *service smb restart* 重启 Samba 服务器。

4. 访问共享资源

如果客户机是 Windows 操作系统，按【Windows+R】组合键，打开"运行"对话框，或者在"搜索"中输入"运行"，打开"运行"对话框，或者右击【Windows】图标，在弹出的快捷菜单中选择"运行"命令，在"运行"对话框中输入 Samba 服务器的 IP 地址，如图 7-14 所示。

单击"确定"按钮后，找到 Samba 服务器，共享文件夹

图 7-14 查找 Samba 服务器

的名称是 public，如图 7-15 所示。

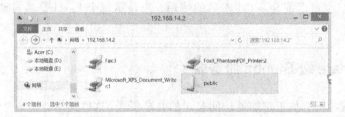

图 7-15　访问 public 共享目录

为了保证客户机有权限访问服务器，必须确保防火墙允许 smb 服务。修改防火墙的方法是选择"系统"|"管理"|"防火墙"，在防火墙配置窗口中，运行"Samba"和"Samba 客户端"两个服务，如图 7-16 所示，否则不能访问 Samba 服务器。

图 7-16　设置防火墙运行 Samba 服务

双击文件夹 public，可以看到共享文件，如图 7-17 所示，这样所有用户就可以访问并使用共享资源。

图 7-17　访问共享文件

7.3.3　配置基于 user 级别的 Samba 服务器

为了工作需要，所有员工都能够在公司内流动办公，但不管在哪台计算机上工作，都要把自己的文件数据保存在 Samba 文件服务器上；销售部和财务部都有各自的目录，同一个部门的员工共同拥有一个共享目录，其他部门的员工只能访问在服务器上自己个人的 home 目录；所有用户都不允许使用服务器上的 shell。

销售部有员工 rose 和 john，财务部有员工 mark 和 betty，总经理是 ceo，为所有的员工创建账号和目录，用户默认都在 Samba 服务器上有一个 home 目录，只有认证通过才能看到共享文件，每个用户都不分配 shell。

为销售部和财务部创建不同的组群 sales 和 pad，并且分配目录/home/sales 和/home/pad，把所有的销售部员工加入 sales 组群，财务部员工加入 pad 组群，并且修改两个目录权限分别属于 sales 组群和 pad 组群。通过 Samba 共享/home/sales 和/home/pad。

1. 创建组群 sales 和 pad，为所有的用户创建账号和目录（不使用 shell）

（1）创建组群 sales 和 pad

使用命令 *groupadd* 添加组群 sales 和 pad，如图 7-18 所示。

图 7-18 添加组群

（2）为公司所有员工创建账号和目录，不分配 shell

使用命令 *useradd* 添加用户 rose 和 john 到 sales 组群中，添加用户 mark 和 betty 到 pad 组群中，为用户指定一个不可用的 Shell，可以是/bin/false 或者/dev/null，再为公司总经理添加账号 ceo，如图 7-19 所示。

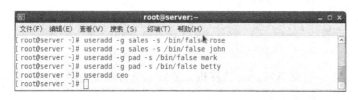

图 7-19 添加用户

用户添加完成后，为用户设置密码，使用命令 *passwd*，如图 7-20 所示，为 5 个账号分别建立密码。

图 7-20 为用户设置密码

（3）添加用户到 Samba 服务器数据库

添加的用户需要访问 Samba 服务器，必须将用户添加在 Samba 数据库中。

如果在 smb.conf 文件中的 security 选项设置为 share，可以顺利进入 Samba 服务器，但如果设置为 user 或 server，在 Windows 客户端访问 Samba 服务器时，系统会要求输入用户名和密码，即使输入正确的 Linux 用户名和密码也无法登录，这是因为 Samba 服务器与 Linux 操作系统使用不同的密码文件，所以无法以 Linux 操作系统上的账号密码数据登录到 Samba 服务器，需要将 Linux 系统用户添加到 Samba 数据库中。

使用命令 *smbpasswd* 将系统用户 rose、john、mark、betty 和 ceo 分别添加到 Samba 数据

库中，其中添加用户 rose 和 mark 的设置方法如图 7-21 所示。

图 7-21　将用户添加到 Samba 数据库中

该命令将添加的用户名和密码存放在文件/etc/samba/smbpasswd 中，该文件默认不存在，首次执行 smbpasswd 命令时将自动创建该文件。很多情况下，常需要把/etc/passwd 文件里的所有用户全部添加到文件/etc/samba/smbpasswd 中，为避免一一添加的麻烦，可以使用命令一次性添加，再利用命令 *smbpasswd* 为每个用户设置密码，如图 7-22 所示。

图 7-22　一次性添加 Samba 用户

设置完成后，重新启动 Windows 计算机，然后在身份验证窗口输入设置好的用户账号和密码，就可以登录 Samba 服务器了。

（4）账户添加完成后，使用命令 *more /etc/samba/smbpasswd* 确认用户是添加在 Samba 数据库中，如图 7-23 所示。

图 7-23　查看用户 Samba 数据库密码

2. 创建资源，并修改权限

（1）创建 sales 目录和 pad 目录，并使用命令 *ls* 查看目录默认权限，如图 7-24 所示。

```
root@server:~                                        _ □ ×
文件(F)  编辑(E)  查看(V)  搜索 (S)  终端(T)  帮助(H)
[root@server ~]# mkdir /home/sales /home/pad
[root@server ~]# ls -ld /home/sales/ /home/pad
drwxr-xr-x. 2 root root 4096 10月  3 15:00 /home/pad
drwxr-xr-x. 2 root root 4096 10月  3 15:00 /home/sales/
[root@server ~]# 
```

图 7-24 创建共享目录

（2）目录默认属于 root 用户和组群，为了使 sales 组群的用户和 pad 组群的用户能够访问资源，需要使用命令 *chgrp* 将资源组权限赋值给相应的组群，并且使用命令 *chmod* 将目录的权限修改为 770，保证同组群的用户都能读写目录，如图 7-25 所示。

```
root@server:~                                        _ □ ×
文件(F)  编辑(E)  查看(V)  搜索 (S)  终端(T)  帮助(H)
[root@server ~]# chgrp sales /home/sales
[root@server ~]# chgrp pad /home/pad
[root@server ~]# chmod 770 /home/sales
[root@server ~]# chmod 770 /home/pad
[root@server ~]# ls -ld /home/sales/ /home/pad
drwxrwx---. 2 root pad   4096 10月  3 15:00 /home/pad
drwxrwx---. 2 root sales 4096 10月  3 15:00 /home/sales/
[root@server ~]# 
```

图 7-25 修改目录权限

3. 使用 Samba 服务器共享资源

编写好的配置文件 smb.conf 的内容如图 7-26 所示。

```
[global]
workgroup = workgroup
server string = samba server
security = user
hosts allow = 192.168.1. 192.168.2. 127.
log file = /var/log/samba/%m.log
smb passwd file = /etc/samba/smbpasswd
max log size = 50
[homes]
     common = Home Directories
     browseable = no
     writable = yes
     valid users = %S
[public]
       path = /home/samba
       guest ok = yes
       writable = yes
[sales]
   path = /home/sales
   comment = sales
   public = no
   valid users = @sales
   write list = @sales
   create mask = 0770
   directory mask = 0770
 [pad]
   path = /home/pad
   comment = pad
   public = no
   valid users = @pad
   write list = @pad
   create mask = 0770
   directory mask = 0770
```

图 7-26 配置文件 smb.conf 的内容

项目 7

架设 Samba 服务器

下面逐一介绍配置文件中的内容和作用。

（1）workgroup = workgroup

设置域名或者工作组名称，在 Windows 操作系统中，如果要加入某个工作组或域，右击"我的电脑"，选择"属性"命令，切换到"计算机名"选项卡，选择可以加入的工作组或域；在 Linux 操作系统中，没有这样的图形化工具，只能在配置文件中进行选择工作组，"＝"后表示工作组名称，设置加入 workgroup 工作组。

（2）server string = samba server

设置 Samba 服务器的名称，即主机的解释信息。

（3）security = share/user/server/domain

share 级别：当客户端连接到具有 share 安全性等级的 Samba 服务器时，不需要输入账号和密码，就可以访问主机上的共享资源，这种方式是最方便的连接方式，但无法保障数据的安全性。

user 级别：在 Samba 服务器中默认的等级是 user，它表示用户在访问服务器的资源前，必须先用有效的账号和密码进行登录。

server 级别：表示客户端需要将用户名和密码提交到指定的另一台 Windows 服务器或者 Samba 服务器负责。

domain 级别：表示指定 Windows 域控制器来验证用户的账户和密码。

（4）hosts allow = 192.168.1. 192.168.2. 127.

表示允许连接到 Samba 服务器的客户端，多个参数以空格隔开。可以用一个 IP 表示，也可以是一个网段。本例中表示允许 192.168.1.0 网段、192.168.2.0 网段和 127.0.0.0 网段的主机访问 Samba 服务器。

（5）log file = /var/log/samba/%m.log

设置日志文件路径，为所有连接到 Samba 服务器的计算机建立记录日志，默认的保存目录为/var/log/samba/，日志的名字可以自己定义，但是日志比较多时，不方便管理，为了便于管理，使用 "%m"，"%m" 是一个变量，表示客户机的名称，如果计算机 client 访问了服务器，日志的名称就是 client.log。如果要查看计算机 client 的具体日志内容，可以使用命令 *more/etc/log/samba/client.log* 进行查看。

（6）smb passwd file = /etc/samba/smbpasswd

指定 Samba 服务器使用的密码文件路径。

（7）max log size = 50

设置 Samba 服务器日志文件的最大容量，单位是 KB，默认值是 50 KB，如果数值是 0 表示不限制。

（8）[homes]
common = Home Directories
browseable = no
writable = yes
valid users = %S

[homes]共享目录是 Samba 服务器对用户主目录的默认设置，是比较特殊的共享设置。[homes]目录并不特指某个目录，而是表示 Samba 用户的主目录，即 Samba 用户登录后可以访问同名系统用户的主目录的内容。该内容用来配置用户访问自己的目录，是对用户主目录属性的设置。

[homes]常用配置项的含义如下：

common：针对共享目录所作的说明、注释部分。

browseable：设置为 no 表示所有 Samba 用户的主目录不能被看到，只有登录用户才能看到自己的主目录共享，即自己看到自己，别人看不到。这样的设置可以加强 Samba 服务器的安全性。

writable：设定共享的资源是否可以写入，设置为 yes 表示用户可对该共享目录写入。

valid users = %S：设定可访问的用户，系统会自动将%S 转换为登录账户。如果要指定特定用户访问，如用户 rose，可以使用 *valid users = rose*，如果要指定特定组访问，如 sales 组，可以使用 *valid users = @sales*。

（9）[public]

```
path = /home/samba
guest ok = yes
writable = yes
```

[public]是公共目录，所有 Samba 用户都可以进行访问，并且不需要使用账户和密码。

[public]常用配置项的含义如下：

path：用于设置共享目录对应的 Linux 系统目录。

guest ok：设定该共享是否运行 guest 用户访问，public 参数与该参数意义相同。

writable：设定共享的资源是否可以写入，设置为 yes 表示用户可对该共享目录写入。

（10）设置用户自定义的目录共享

这是完成本任务最关键的配置选项，将目录/home/sales 和/home/pad 通过 Samba 服务器共享。

```
[sales]
    path = /home/sales
    comment = sales
    public = no
    valid users = @sales
    write list = @sales
    create mask = 0770
    directory mask = 0770
```

语句 path = /home/sales 的作用是指定共享目录路径；语句 comment = sales 是目录的描述信息；语句 public = no 的作用是此目录不共享给匿名用户；语句 valid users = @sales 的作用是设定可以访问的有效组身份；语句 write list = @sales 设定可以写权限的组，也可以使用语句 writeable = yes 实现同样功能；语句 create mask = 0770 和 directory mask = 0770 的作用是设定权限，保证创建的文件和目录永远共享，且是 0770，但是在实际操作时，因为服务器不允许执行权限，所以是 0660。

目录/home/pad 共享的方法和目录/home/sales 类似。

```
[pad]
    path = /home/pad
    comment = pad
    public = no
    valid users = @pad
    write list = @pad
    create mask = 0770
    directory mask = 0770
```

4. Samba 服务器的调试

testparm 是 Samba 服务器安装后包含的工具，主要作用是测试 smb.conf 配置文件内的语法是否正确，在"终端"中输入命令 *testparm*，如图 7-27 所示。

```
[root@server ~]# testparm
Load smb config files from /etc/samba/smb.conf
rlimit_max: increasing rlimit_max (1024) to minimum Windows limit (16384)
Processing section "[homes]"
Processing section "[printers]"
Processing section "[public]"
Processing section "[sales]"
Processing section "[pad]"
Loaded services file OK.
Server role: ROLE_STANDALONE
Press enter to see a dump of your service definitions

[global]
        server string = Samba Server Version %v
        log file = /var/log/samba/log.%m
        max log size = 50
        idmap config * : backend = tdb
        cups options = raw

[homes]
        comment = Home Directories
        read only = No
        browseable = No

[printers]
        comment = All Printers
        path = /var/spool/samba
        printable = Yes
        print ok = Yes
        browseable = No

[public]
        comment = Public Stuff
        path = /home/samba
        read only = No
        guest ok = Yes

[sales]
        comment = sales
        path = /home/sales
        valid users = @sales
        write list = @sales
        create mask = 0770
        directory mask = 0770

[pad]
        comment = pad
        path = /home/pad
        valid users = @pad
        write list = @pad
        create mask = 0770
        directory mask = 0770
[root@server ~]#
```

图 7-27　使用 testparm 工具

这个结果显示配置文件 smb.conf 没有语法错误，如果有语法错误，按照提示进行修改，直到完全正确为止，但是没有语法错误不代表 Samba 服务器工作正常。

7.3.4　Samba 客户端连接服务器

在 Samba 服务器设置完成后，利用客户端进行测试，以确保 Samba 服务器设置成功。如果客户端使用的是 Windows 操作系统，利用"网上邻居"找到 Samba 服务器，输入用户名和密码就可以访问用户的主目录和所在的组共享资源；如果客户端使用的是 Linux 操作系统，需要使用命令 smbclient 查看 Samba 服务器上的共享资源，然后使用 mount 命令进行挂载后使用。

1. 使用 Linux 客户端访问 Samba 服务器

（1）使用 smbclient 命令连接共享资源

smbclient 命令是一种类似 FTP 客户端的软件，它可以用来连接 Windows 或 Samba 服务器上的共享资源，在"终端"中输入命令 *smbclient -L 192.168.14.2 –U administrator* 进行登录，成功登录后如图 7-28 所示。

图 7-28　使用 smbclient 命令连接共享资源

　　登录后看到/home/sales 目录和/home/pad 目录。参数 L 后接服务器的 IP 地址或者主机名称，参数 U 后接登录的用户名，可以使用%直接加密码，也可以只输入用户名，然后按照提示输入密码，出现和图 7-28 相同的登录窗口。如果使用 rose 用户登录，除了能看到/home/sales 目录和/home/pad 目录，还能看到用户自己的主目录 rose。

　　（2）使用 mount 挂载共享目录

　　将 Samba 服务器的共享资源连接后，可以使用 mount 命令挂载到本机上进行使用，在"终端"中输入命令 *mount   -t cifs //192.168.14.2/sales /mnt –o username=rose%123456*，如图 7-29 所示，将共享资源挂载在目录/mnt 下，使用命令 *ls /mnt* 进行查看，成功看到 sales 目录中的内容，用户 rose 可以在该目录中进行创建文件等操作，同组的用户可以共同操作/home/sales 目录，实现资源共享。cifs 是 Samba 所使用的文件系统类型。

图 7-29　使用 smbmount 挂载共享目录

　　（3）使用用户 mark 进行挂载，如图 7-30 所示，挂载失败，说明只有 sales 组的用户可以使用共享资源，其他组的用户不能访问共享资源，达到了任务要求，保证的安全。

图 7-30　挂载共享目录失败

2. 使用 Windows 客户端访问 Samba 服务器

（1）在"运行"中输入"\\192.168.14.2"，要求输入用户名和密码，输入用户"rose"和密码，如图 7-31 所示。

（2）进入后，看到用户 rose 主目录，用户所在组的 /home/sales 目录和/home/pad 目录，如图 7-32 所示。

（3）双击进入 rose 主目录，登录成功，出现如图 7-33 所示的窗口，可以看到在用户 rose 的主目录中有一个文件 rose.txt。

图 7-31　输入身份验证

图 7-32　rose 登录到 Samba 服务器

图 7-33　访问 rose 的 home 目录

用户 rose 可以在办公时，将自己的文件存储在 home 目录中，建立一个名称为 test 的文本文件，成功，说明用户对自己的目录具有写权限，如图 7-34 所示。

图 7-34　创建文件

（4）使用用户 rose，可以访问目录/home/sales，如图 7-35 所示，同样可以进行写操作，这样，同组的用户可以共同操作/home/sales 目录，进行资源共享。

图 7-35　用户 rose 访问组群 sales 资源

（5）使用用户 rose 访问目录/home/pad，出现"拒绝访问" 提示，要求输入用户名和密码，但是无论输入哪个账户都不能成功访问，如图 7-36 所示，这说明用户 rose 没有权限访问其他组的资源，实现了系统安全。

（6）为了访问方便，不必每次访问时都通过"网上邻居"进行连接，可以将服务器上的共享资源映射为网络驱动器。右击"网上邻居"，在弹出的快捷菜单中选择"映射网络驱动器"，出现如图 7-37 所示对话框，选择一个驱动器号，例如 Z，文件夹位置输入"\\server\sales"，其中 server 是 Samba 服务器的名称，sales 是共享目录，单击"完成"按钮，要求输入用户名和密码，输入之后完成。

图 7-36　用户 rose 不能访问目录 pad

图 7-37　映射网络驱动器

映射了网络驱动器后，即可以在"这台电脑"|"网络位置"中访问共享资源，如图 7-38 所示。

图 7-38　访问共享资源

7.4 项 目 总 结

本项目学习了 Samba 服务器的建立与管理，Samba 服务器主要通过配置文件 smb.conf 进行配置，要求掌握基于 share 级别配置 Samba 服务器和基于 user 级别配置 Samba 服务器，实现员工在公司的流动办公，能访问用户自己的主目录和同组的共享资源，不能访问其他部门的资源，并能在 Windows 客户端和 Linux 客户端使用共享资源。

7.5 项 目 实 训

1．实训目的
（1）掌握 Samba 服务器的基本知识。
（2）能够配置 Samba 服务器。
（3）能够在行客户端进行使用。
2．实训环境
（1）Linux 服务器。
（2）Windows 客户机。
（3）Linux 客户机。

3．实训内容
（1）规划 Samba 服务器的共享资源，分配资源使用者的权限，并画出网络拓扑图。
（2）配置 Samba 服务器。
（3）使用 Linux 客户端进行验证。
（4）使用 Windows 客户端进行验证。
（5）设置 Samba 服务器自动运行。
4．实训要求
实训分组进行，可以 2 人一组，小组讨论，确定方案后进行讲解；教师给予指导，全体学生参与评价。方案实施过程中，一台计算机作为 Samba 服务器，另一台计算机作为客户机，要轮流进行角色转换。
5．实训总结
完成实训报告，总结项目实施中出现的问题。

7.6 项 目 练 习

一、选择题
1．Samba 服务器配置完成后，（   ）命令可以启动 Samba 服务。
    A．service smb stop   B．service samba restart
    C．service smb start   D．service samba start
2．Samba 服务器的主配置文件是（   ）。
    A．smb.conf   B．named.conf   C．dhcpd.conf   D．httpd.conf
3．（   ）命令是能正确卸载软件包 samba-3.6.23-20.el6.i686.rpm。
    A．rpm –ivh samba-3.6.23-20.el6.i686.rpm

  B. rpm –d samba-3.6.23-20.el6.i686.rpm

  C. rpm –e samba-3.6.23-20.el6.i686.rpm

  D. rpm –D samba-3.6.23-20.el6.i686.rpm

4. Samba 服务器的密码文件是（   ）。

  A. smb.conf   B. samba.conf   C. smbpasswd   D. httpd.conf

5. 利用（   ）命令可以对 Samba 的配置文件进行测试。

  A. smbclient   B. smbpasswd   C. testparm   D. smbmount

6. Samba 服务器的默认安全级别是（   ）

  A. share   B. user   C. server   D. domain

7. 使用 Samba 服务器，一般来说，可以提供（   ）服务。（选择两项）

  A. 域名服务   B. 文件共享服务

  C. 打印服务   D. IP 地址解析服务

二、填空题

1. Samba 有两个守护进程，分别是_____和_____。

2. 重启 Samba 服务器可使用命令_____。

3. Samba 服务的软件包主要有_____、_____、_____和_____。（不要求版本号）

4. Samba 的配置文件一般放在_____目录中，主配置文件名称是_____。

5. 设置 Samba 服务开机自动运行的命令是_____。

6. smb.conf 配置文件中包含的两部分内容是_____和_____。

NFS 是网络文件系统（Network File System）的简称，与 Samba 服务器一样，NFS 也可以提供不同操作系统的文件共享服务，主要用于在 Linux 网络中挂载远程文件系统，其功能类似于 Windows 操作系统的文件共享。

8.1　项目描述

某公司网络管理员要以 Linux 网络操作系统为平台，配置 NFS 服务器，公司网络拓扑如图 8-1 所示，NFS 服务器的 IP 地址是 192.168.14.2。

NFS　　FTP　　邮件　　Samba　　NFS
服务器　服务器　服务器　服务器　客户机

图 8-1　公司局域网

公司的网络管理员为了完成该项目，需要配置 NFS 服务器，实现销售部和财务部能共享使用公司资源，在客户端访问 NFS 服务器，使用共享资源。

8.2　相　关　知　识

8.2.1　NFS 概述

NFS 最初是由 Sun 公司于 1984 年开发的，它是一种分布式文件系统，主要功能就是让网络上的 Linux 主机可以共享目录和文件。

NFS 的原理是：在客户端上，通过网络将远程主机共享的文件系统利用安装（mount）的方式加入本机的文件系统，此后的操作就像在本机操作一样，这样每台客户机工作时就不需要将所有的文件都复制到本机上，提升了资源的利用率，节省了磁盘空间，也方便进行资源的集中管理。NFS 工作原理如图 8-2 所示。

图 8-2　NFS 工作原理

图 8-2 中，NFS 服务器提供共享资源 home/sales 和/home/pad，可以根据公司规模确定服务器数量，可以由一台服务器承担所有共享资源，也可以由多台服务器提供服务，形成分布式文件系统。用户安装 Linux 操作系统，在办公时，在客户端进行目录安装，访问服务器上的文件就像访问本地资源一样方便。

8.2.2　NFS 守护进程

使用 NFS 服务，至少需要启动以下三个系统守护进程：

（1）rpc.nfsd：它是基本的 NFS 守护进程，主要功能是管理客户端是否能够登录 NFS 服务器。

（2）rpc.mountd：它是 RPC 安装守护进程，主要功能是管理 NFS 的文件系统，当客户端通过 NFS 服务器的验证后，在使用 NFS 服务器提供的文件前，还必须取得使用权限的认证，系统会读取/etc/exports 文件对用户的权限进行验证。

（3）rpcbind：只要功能是进行端口映射工作，当客户端使用 NFS 服务器提供服务时，rpcbind 会将所有管理的端口与服务对应的端口提供给客户端操作系统，这样客户端就可以利用这些端口正常地与服务器进行数据交流。

8.2.3　NFS 的配置文件

NFS 服务器的配置主要是通过配置文件/etc/exports 来完成的，该配置文件定义了 NFS 系统的输出目录（共享目录）、访问权限和运行访问的主机等参数。该文件默认内容为空，没有配置任何共享目录，这提高了系统的安全性。

/etc/exports 文件中每一行提供了一个共享目录的位置，其命令格式为：

输出目录　　客户端 1（选项 1,选项 2,…）　　客户端 2（选项 1,选项 2,…）

其中：

（1）输出目录：指 NFS 系统中需要共享给客户端使用的目录。

（2）客户端：指网络中可以访问这个 NFS 输出目录的计算机，可以是一个或者多个。其表示方法可以为单个主机的 IP 地址或域名，也可以是某个子网或者域名，如果为"*"或者省略，则表示所有的主机。

（3）选项：用来设置输出目录的访问权限、用户映射等。/etc/exports 文件的选项比较多，一般可分为三类：访问权限选项、常规选项和用户映射选项。各主要选项及说明如表 8-1 所示。

表 8-1　/etc/exports 文件中的选项及说明

分　类	选　项	说　明
访问权限	ro	设置输出目录为只读
	rw	设置输出目录为读写
常规	secure	限制客户端只能从小于 1024 的 TCP/IP 端口连接 NPS 服务器（默认）
	insecure	允许客户端从大于 1024 的 TCP/IP 端口连接 NPS 服务器
	sync	将数据同步保存在内存缓冲区与磁盘中
	async	将数据先保存在内存缓冲去中，必要时才写入磁盘
	wdelay	检查是否有相关的写操作，如果有则将这些写操作一起执行（默认）
	no_wdelay	若有写操作则立即执行，应与 sync 配合使用
	subtree_check	若输出目录是一个子目录，则 NFS 服务器将检查其父目录的权限（默认）
	no_subtree_check	即使输出目录是一个子目录，NFS 服务器也检查其父目录的权限
用户映射	all_squash	将远程访问的所有普通用户及所属用户组都映射为匿名用户或用户组（一般均为 nfsnobody）
	no_all_squash	不将远程访问的所有普通用户及所属用户组映射为匿名用户或用户组（默认）
	root_squash	将 root 用户及所属用户组都映射为匿名用户或用户组
	no_ root_squash	不将 root 用户及所属用户组都映射为匿名用户或用户组
	anonuid=xxx	将远程访问的所有用户都映射为匿名用户，并指定该匿名用户账户为本地用户账户（UID=xxx）
	anonuid=xxx	将远程访问的所有用户组都映射为匿名用户组账户，并指定该匿名用户组账户为本地用户组账户（UID=xxx）

8.3　项　目　实　施

8.3.1　安装 NFS 服务器

管理员要为公司配置 NFS 服务器，为员工提供资源共享，需要安装 NFS 服务器软件。在安装操作系统过程中，可以选择是否安装 NFS 服务器，如果不确定是否安装了 NFS 服务，使用命令进行查询。安装时使用 rpm 命令，需要先挂载光盘。安装完成后，查询安装的文件，并且启动 NFS 服务器，设置 NFS 服务器在下次系统登录时自动运行。

1. 安装 NFS 服务器

在安装 Red Hat Enterprise Linux 6 时，可以选择是否安装 NFS 服务器。如果不能确定 NFS

服务器是否已经安装，可以采取在"终端"中输入命令 *rpm –qa | grep nfs* 和命令 *rpm –qa | grep rpcbind* 进行验证。如果如图 8-3 所示，说明系统已经安装 NFS 服务器。

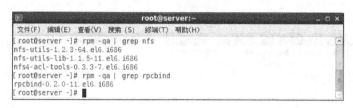

图 8-3　检测是否安装 NFS 服务

如果安装系统时没有选择 NFS 服务器，需要进行安装。在 Red Hat Enterprise Linux 6 安装盘中带有 NFS 服务器安装程序。

管理员将安装光盘放入光驱后，使用命令 *mount /dev/cdrom /media* 进行挂载，然后使用命令 *cd /media/Packages* 进入目录，使用命令 *ls | grep* 找到安装包，如图 8-4 所示。

图 8-4　找到安装包

然后在"终端"命令窗口运行命令 *rpm –ivh　nfs-utils-1.2.3-64.el6.i686.rpm*、*rpm –ivh nfs-utils-lib-1.1.5-11.el6.i686.rpm*、*rpm–ivh　rpcbind-0.2.0-11.el6.i686.rpm* 安装 NFS 需要的软件包。

2. 启动与关闭 NFS 服务器

NFS 的配置完成后，必须启动 rpcbind 和 NFS 两个服务器。并且 rpcbind 服务器一定要在 NFS 服务器之前启动。可以有两种方法进行启动：

（1）利用命令启动服务器

可以在"终端"命令窗口使用命令 *service rpcbind start*、*service nfs start* 来启动，使用命令 *service rpcbind stop*、*service nfs stop* 来关闭，使用命令 *service rpcbind restart*、*service nfs restart* 来重新启动 NFS 服务，如图 8-5～图 8-7 所示。

图 8-5　启动 NFS 服务

图 8-6　停止 NFS 服务

图 8-7　重新启动 NFS 服务

（2）利用图形化界面启动 NFS 服务器

用户也可以利用图形化桌面进行 NFS 服务器的启动与关闭。在图形界面下使用"服务"对话框进行 NFS 服务器的启动与运行。依次单击"系统"|"管理"|"服务"，出现如图 8-8 所示对话框，选择"nfs"，利用"开始""停止"和"重启"按钮可以完成服务器的，开始、停止以及重新启动。

这样就说明 NFS 服务器已经正常启动。

图 8-8　启动 NFS 提示框

3. 查看 NFS 服务器状态

可以输入相应命令查看 NFS 服务器目前运行的状态，如图 8-9 所示。

图 8-9　查看 NFS 服务器状态

4. 设置开机时自动运行 NFS 服务器

NFS 服务器是非常重要的服务器，在开机时应该自动启动，以节省每次手动启动的时间，并且可以避免 NFS 服务器没有开启停止服务的情况。

在开机时自动开启 NFS 服务器，有以下几种方法：

（1）通过 ntsysv 命令设置 NFS 服务器自动启动

在"终端"中输入 *ntsysv* 命令后，出现如图 8-10 所示对话框，将光标移动到 smb 选项，然后按【空格】键选择，最后使用【Tab】键将光标移动到"确定"按钮，并按【Enter】键完成设置。

图 8-10　以 ntsysv 设置 NFS 服务器自动启动

（2）以"服务配置"设置 NFS 服务器自动启动

依次单击"系统"|"管理"|"服务器设置"|"服务"，选择"nfs"选项，然后再选择上方工具栏中的"文件"|"保存"，即可完成设置。

（3）以 chkconfig 设置 NFS 服务器自动启动

在"终端"中输入命令 *chkconfig --level 5 nfs on*，如图 8-11 所示。

以上的命令表示如果系统运行 Run Level 5 时，即系统启动图形界面的模式时，自动启动 NFS 服务器。也可以配合"--list"参数的使用，来显示每个 Level 是否自动运行 NFS 服务器。

图 8-11　以 chkconfig 设置 NFS 服务器自动启动

8.3.2　配置 NFS 服务器

为了工作方便,销售部和财务部都能流动办公,可以访问公司 NFS 服务器上共享的资源。需要为销售部和财务部创建不同目录/home/sales 和/home/pad,通过 NFS 服务器共享/home/sales 和/home/pad, 设置能够访问的客户端使用销售部和财务部所在的子网网络地址实现,即客户端设置允许 192.168.14.0/24 网段访问 NFS 服务器资源。

1.　创建共享目录

使用命令 *mkdir /home/sales /home/pad* 创建共享文件夹,并准备共享资源 sales.txt 和 pad.txt, 如图 8-12 所示。

图 8-12　准备共享文件

2.　修改配置文件,创建共享

使用命令 *vi /etc/exports* 打开 NFS 服务器的主配置文件,将配置文件修改为如图 8-13 所示。

图 8-13　配置 NFS 主配置文件内容

3.　重启 NFS 服务器

使用命令 *service nfs restart* 重启 NFS 服务器。

4.　测试 NFS 服务器

在 NFS 服务器配置完成并正确启动之后,还要对其进行测试,以检查服务器是否配置正确、是否能正常工作。

在配置文件/etc/exports 中,管理员只配置了两个参数 rw 和 sysc,但是在真正输出目录时,还带有很多默认选项,通过查看/var/lib/nfs/etab 文件,就可以了解到真正输出目录时使用了什么选项,使用命令 *cat /var/lib/nfs/etab* 查看,内容如图 8-14 所示。

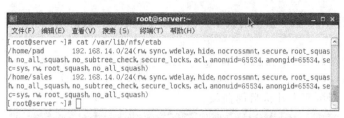

图 8-14　查看/var/lib/nfs/etab 内容

8.3.3　NFS 客户端连接服务器

在 NFS 服务器设置完成后，利用客户端进行测试，以确保 NFS 服务器设置成功。NFS 服务器设置完成后，网络中的计算机在使用该文件系统前必须先挂载该文件系统，使用完成后及时卸载文件系统。公司员工可以通过 mount 命令将可用的共享目录挂载到本机文件系统中，也可以通过在/etc/fstab 文件中加入相应内容实现开机自动挂载。

1. 查看 NFS 服务器共享资源

在客户端挂载 NFS 服务器的共享目录前，可以使用命令 *showmount* 查看 NFS 服务器上的共享资源，以及是否允许本机连接到相应的共享目录，使用命令 *showmount –e 192.168.14.2* 查看 NFS 服务器上的共享目录，如图 8-15 所示。

图 8-15　查看 NFS 服务器共享资源

2. 挂载 NFS 服务器输出目录

查看 NFS 服务器的共享资源后，就可以将共享资源挂载到本地文件系统中。使用命令 *mount –t nfs 192.168.14.2:/home/sales /mnt* 将 NFS 服务器 192.168.14.2 上的共享资源/home/sales 挂载到本地文件系统/mnt 目录下，如图 8-16 所示。

图 8-16　使用 mount 命令挂载共享资源

挂载成功后，使用命令 *ls /mnt* 查看内容，发现在文件系统 mnt 下有一个文件 sales.txt，如图 8-17 所示，这个文件实际上是在 NFS 服务器的共享目录/home/sales 下，这样就实现了使用网络资源/home/sales 就像使用本地资源一样。

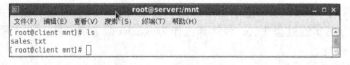

图 8-17　查看共享资源

如果每次使用 NFS 服务器上的共享资源都需要挂载，比较麻烦，所以在文件/etc/fstab 中增加 2 行内容：

```
192.168.14.2:/home/sales    /mnt    nfs    defaults 0 0
192.168.14.2:/home/pad      /mnt    nfs    defaults 0 0
```

如图 8–18 所示，即可实现开机自动挂载。

图 8–18　实现自动挂载

3. 卸载 NFS 服务器输出目录

如果共享资源使用结束，可以使用命令 *umount /mnt* 卸载目录的共享。

8.4　项 目 总 结

本项目学习了 NFS 服务器的建立与管理，NFS 服务器主要通过配置文件 exports 进行配置，要求掌握配置 NFS 服务器的方法，实现员工在公司的流动办公，能访问共享资源，并能在 Linux 客户端使用共享资源。

8.5　项 目 实 训

1. 实训目的

（1）掌握 NFS 服务器的基本知识。

（2）能够配置 NFS 服务器。

（3）能够在行客户端进行使用。

2. 实训环境

（1）Linux 服务器。

（2）Linux 客户机。

3. 实训内容

（1）规划 NFS 服务器的共享资源，分配资源使用者的权限，并画出网络拓扑图。

（2）配置 NFS 服务器。

（3）使用 Linux 客户端进行验证。

（4）设置 NFS 服务器自动运行。

4. 实训要求

实训分组进行，可以 2 人一组，小组讨论，确定方案后进行讲解；教师给予指导，全体学生参与评价。方案实施过程中，一台计算机作为 Samba 服务器，另一台计算机作为客户机，要轮流进行角色转换。

5. 实训总结

完成实训报告，总结项目实施中出现的问题。

8.6 项 目 练 习

一、选择题

1. NFS 服务器配置完成后，(　　　) 命令可以启动 NFS 服务。
   - A. service nfs stop
   - B. service nfs restart
   - C. service nfs start
   - D. service nfs start

2. NFS 服务器的主配置文件是 (　　　)。
   - A. smb.conf
   - B. named.conf
   - C. exports
   - D. httpd.conf

3. (　　　) 命令是能正确卸载软件包 nfs-utils-1.2.3-64.el6.i686.rpm。
   - A. rpm –ivh nfs-utils-1.2.3-64.el6.i686.rpm
   - B. rpm –d nfs-utils-1.2.3-64.el6.i686.rpm
   - C. rpm –e nfs-utils-1.2.3-64.el6.i686.rpm
   - D. rpm –D nfs-utils-1.2.3-64.el6.i686.rpm

4. 在服务器配置好 NFS 文件系统后，在客户机上可以通过 (　　　) 方法使用 NFS 共享资源。(选择两项)
   - A. 用户使用 mount 命令手动安装
   - B. 用户使用 create 命令手动安装
   - C. 配置/etc/fstab 文件，在系统启动时自动安装远程文件系统
   - D. 配置/etc/exports 文件，在系统启动时自动安装远程文件系统

二、填空题

1. NFS 有三个守护进程，分别是_____、_____和_____。
2. 重启 NFS 服务器使用命令_____。
3. NFS 服务的软件包主要有_____、_____和_____。(不要求版本号)
4. NFS 的配置文件一般放在_____目录中，主配置文件名称是_____。
5. 设置 NFS 服务开机自动运行的命令是_____。

→ 架设 DNS 服务器

互联网上的计算机用 32 位的 IP 地址作为自己的唯一标识，但是访问某个网站时，一般在地址栏中输入的是名称，而不是 IP 地址，如 www.hao123.com，这样就可以浏览相应的网站。为什么不用输入 IP 地址也能找到相应的计算机呢？这就是域名系统（Domain Name System，DNS）的作用。用户通过 32 位的 IP 地址浏览互联网非常不方便，而记住有意义的名称比较容易。当用户输入名称的时候，DNS 将名称转换为对应的 IP 地址，找到计算机，再把网页传回给用户的浏览器，用户就看到了网页内容。

9.1 项 目 描 述

某公司网络管理员要以 Linux 网络操作系统为平台，建设 DNS 服务器、邮件服务器、Web 服务器和 FTP 服务器，规划服务器地址和域名，使公司员工能够使用域名访问 Web 服务器和 FTP 服务器。公司的域名为 lnjd.com，DNS 服务器的 IP 地址是 192.168.14.3，公司网络拓扑如图 9-1 所示。

| DNS
服务器 | DNS
辅助服务器 | 邮件
服务器 | Web
服务器 | FTP
服务器 | DNS
客户机 |

图 9-1 公司局域网

公司的网络管理员为了完成该项目，需要进行网络规划，因为公司规模限制，两个 Web 服务器的 IP 地址分别设置为 192.168.14.5 和 192.168.14.6， FTP 服务器 IP 地址设置为 192.168.14.1，主要 DNS 服务器的 IP 地址设置为 192.168.14.3，辅助 DNS 服务器的 IP 地址设置为 192.168.14.8，邮件服务器的 IP 地址设置为 192.168.14.4。

首先利用 DNS 服务器建立公司域名 lnjd.com，然后添加记录 web1.lnjd.com、web2.lnjd.com、 mail.lnjd.com 和 ftp.lnjd.com，使用户能够使用域名 web1.lnjd.com 和 web2.lnjd.com 访问公司网站，使用域名 ftp.lnjd.com 访问 FTP 站点，使用域名 mail.lnjd.com 访问邮件服务器，并且将 IP 地址为 192.168.14.8 的计算机设置为辅助服务器，最后在客户端进行验证。

9.2 相 关 知 识

9.2.1 因特网的命名机制

1. 域名结构

ARPANET 初期，整个网络上的计算机数量不多，只有几百台，所有计算机的主机名字和相应的 IP 地址都放在一个名称为 host 的文件中，输入主机名，查找 host 文件，很快就可以找到对应的 IP 地址。

但是随着因特网的飞速发展，很快覆盖全球，计算机的数量巨大，如果还用一个文件来存放计算机名字和对应的 IP 地址，必然会导致计算机负担过重而无法工作。1983 年，因特网采用分布式的域名系统 DNS 来管理域名。域名结构由多个层次组成：

顶级域名.二级域名.三级域名.四级域名....

2. 域名分类

顶级域名有三类，分别是地理顶级域名、国际顶级域名和通用顶级域名。

（1）地理顶级域名。地理顶级域名代表国家或地区的代码，现在使用的国家或地区的顶级域名有 200 个左右。例如，.cn 代表中国，.us 代表美国，.uk 代表英国， .nl 代表荷兰，.jp 代表日本。

（2）国际顶级域名。采用.int，国际性的组织可在.int 下注册。

（3）通用顶级域名。表示.com 公司企业，.edu 表示教育机构，.net 表示网络服务机构，.org 表示非营利性组织，.gov 表示政府部门，.mil 表示军事部门。

顶级域名由 ICANN 管理，顶级域名管理二级域名。我国将二级域名分为两类：

（1）类别域名。我国的类别域名有 6 个，.ac 表示科研机构，.com 表示工、商、金融企业，.net 表示互联网络、接入网络的信息中心和运行中心，.gov 表示政府部门，.edu 表示教育机构，.org 表示非营利性组织。

（2）行政区域名。行政区域名共 34 个，使用于各省、自治区、直辖市和特别行政区。例如，.bj 表示北京市，.he 表示河北省，.ln 表示辽宁省，.sh 表示上海市，.xj 表示新疆维吾尔自治区。

二级域名管理三级域名，在二级域名.edu 下申请三级域名由中国教育和科研计算机网络中心负责，例如：清华大学为 tsinghua，复旦大学为 fudan，北京大学为 pku。其他二级域名下申请三级域名由中国互联网网络信息中心管理。

图 9-2 将因特网的域名空间列出了一部分。

从图 9-2 可以看出，如果复旦大学有一台主机名称为 mail，那么这台主机的域名就是 mail.fudan.edu.cn。如果其他单位也有一台主机叫做 mail，由于它们的上级域名不同，也可以保证域名不重复。

项目 9 架设 DNS 服务器

图 9-2 因特网域名结构举例

3. 域名系统构成

域名系统由三部分组成，分别是域名空间和相关资源记录、DNS 名称服务器、DNS 解析器。

（1）域名空间和相关资源记录（RR）：它们构成了 DNS 分布式数据库系统。

（2）DNS 名称服务器：是一台维护 DNS 的分布式数据库系统的服务器，用来查询该系统以完成来自 DNS 客户机的查询请求。

（3）DNS 解析器：DNS 客户机中的一个进程，用来帮助客户端访问 DNS 系统，发出名称查询请求获得解析的结果。

9.2.2 域名查询模式

域名解析有两种方式，分别为：

（1）递归解析：客户机的解析器送出查询请求后，DNS 服务器必须告诉解析器正确的数据，也就是 IP 地址，或者通知解析器找不到其所需数据。如果 DNS 服务器内没有所需要的数据，则 DNS 服务器会代替解析器向其他的 DNS 服务器查询。客户机只需接触一次 DNS 服务器系统，就可得到域名对应的 IP 地址。

（2）迭代解析：解析器送出查询请求后，若该 DNS 服务器中不包含所需数据，它会告诉客户机另外一台 DNS 服务器的 IP 地址，使解析器自动转向另外一台 DNS 服务器查询，依此类推，直到查到所需数据。

例如，用户要访问域名为 web1.lnjd.com 的主机，本机的应用程序收到域名后，解析器首先向自己知道的本地 DNS 服务器发出请求。如果采用的解析方式是递归解析，先查询自己的数据库，有此域名与 IP 地址的对应关系，就返回 IP 地址，如果本地数据库没有，则该 DNS 服务器就向它知道的其他 DNS 服务器发出请求，直到解析完成，将结果返回给解析器；若采用的解析方式是反复解析，则本地 DNS 服务器在本地数据库中没有找到该信息时，它将有可能找到该 IP 地址的其他域名服务器地址告诉解析器应用程序，解析器将再次向被告知的域名服务器发出请求查询，如此反复，直到查到为止。

9.2.3　BIND 介绍

目前各个操作系统平台大都是使用 BIND 软件提供 DNS 服务功能，BIND 是 Internet 上最常用的 DNS 服务器软件，几乎占到所有 DNS 服务器的九成。BIND 现在由互联网系统协会（Internet System Consortium）负责开发和维护。BIND 主要有 BIND4，BIND8 和 BIND9 几个版本，在 RHEL 6 中默认使用的是 BIND9 版本。

BIND 服务器的软件包是 bind，为了加强 BIND 的安全性，最好安装 bind-chroot 软件包。使用了 chroot 机制后，根目录默认为/var/named/chroot，这样，即使 BIND 出现漏洞被非法入侵，入侵者获得的目录是/var/named/chroot，无法进入系统的其他目录中，从而加强了 BIND 的安全性。

9.2.4　BIND 配置文件结构

BIND 的全局配置文件是 named.conf，在没有使用 chroot 机制时，该文件位于/etc 目录下，如 果 使 用 了 chroot 机 制，该 文 件 位 于 /var/named/chroot/etc 目录下，不管有没有使用 chroor 机制，配置方法是一样的，只是目录不同而已。在 RHEL 6 版本中，默认不提供 named.conf 文件。

除了全局配置文件外，DNS 服务器还有若干主配置文件和区域配置文件。当 BIND 启动时，首先读取全局配置文件中BIND的相关配置信息，其中最主要的信息是主配置文件的存放路径，然后读取区域配置文件中的 DNS 记录，完成域名解析工作。BIND 配置文件结构如图 9-3 所示。

图 9-3　BIND 配置文件

9.3　项　目　实　施

9.3.1　安装 DNS 服务器

在安装操作系统过程中，可以选择是否安装 DNS 服务器，如果不确定是否安装了 DNS 服务，使用命令进行查询。安装时使用 rpm 命令，需要先挂载光盘。安装完成后，查询安装的文件，并且启动 DNS 服务器，设置 DNS 服务器在下次系统登录时自动运行。

1. 安装 DNS 服务器

在安装 Red Hat Enterprise Linux 6 时，可以选择是否安装 DNS 服务器。如果不能确定 DNS 服务器是否已经安装，可以采取在"终端"中输入命令 *rpm -qa | grep bind* 进行验证。图 9-4 所示的界面说明系统已经安装 DNS 服务器主程序包。

如果安装系统时没有选择 DNS 服务器，需要进行安装。在 Red Hat Enterprise Linux 6 安装盘中带有 DNS 服务器安装程序。

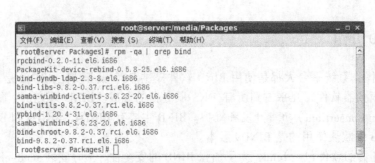

图 9-4　检测是否安装 DNS 服务

BIND 软件包主要包含以下几个软件：

（1）bind-9.8.2-0.37.rc1.el6.i686.rpm：该包是 DNS 服务的主程序包，服务器必须安装此程序包。

（2）bind-chroot-9.8.2-0.37.rc1.el6.i686.rpm：该包用于改变程序执行时根目录的位置，安装了该包后，服务器的路径变化为/var/named/chroot，保护了服务器的安全。

（3）bind-libs-9.8.2-0.37.rc1.el6.i686.rpm：该包是 bind 动态链接库文件。

（4）bind-utils-9.8.2-0.37.rc1.el6.i686.rpm：该包是 bind 服务的常用软件包。

管理员将安装光盘放入光驱后，使用命令 *mount /dev/cdrom /media* 进行挂载，然后使用命令 *cd /media/Packages* 进入目录，运行命令 *ls | grep bind* 查看软件包，如图 9-5 所示。

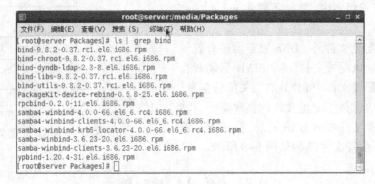

图 9-5　查询 DNS 安装包

运行命令 *rpm –ivh bind-9.8.2-0.37.rc1.el6.i686.rpm* 即可开始安装程序，如图 9-6 所示。使用类似的命令 *rpm –ivh bind-chroot-9.8.2-0.37.rc1.el6.i686.rpm*、*rpm–bind-libs-9.8.2-0.37.rc1.el6.i686.rpm*、*rpm –ivh　bind-utils-9.8.2-0.37.rc1.el6.i686.rpm* 安装其他软件包。

或者直接使用命令 *rpm –ivh bind*.rpm* 一次性安装所有 bind 软件包。

图 9-6　安装 DNS 服务

2. 启动与关闭 DNS 服务器

DNS 的配置完成后，必须重新启动服务。可以有两种方法进行启动：

（1）利用命令启动 DNS 服务器

可以在"终端"命令窗口使用命令 *service named start* 来启动，使用命令 *service named stop* 来关闭，使用命令 *service named restart* 来重新启动 DNS 服务，如图 9-7～图 9-9 所示。

图 9-7　启动 DNS 服务

图 9-8　停止 DNS 服务

图 9-9　重新启动 DNS 服务

（2）利用图形化界面启动 DNS 服务器

用户也可以利用图形化桌面进行 DNS 服务器的启动与关闭。在图形界面下使用"服务"对话框进行 DNS 服务器的启动与运行。依次单击"系统"|"管理"|"服务"，出现如图 9-10 所示对话框。

图 9-10　启用 named 服务对话框

选择"named"，利用"开始""停止"和"重启"按钮可以完成服务器的开始、停止以及重新启动。

3. 查看 DNS 服务器状态

可以通过输入相应命令查看 DNS 服务器目前运行的状态，如图 9-11 所示。

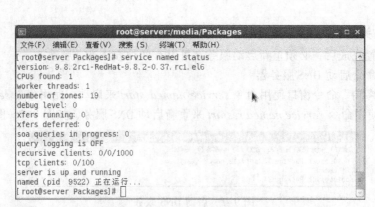

图 9-11　查看 DNS 服务器状态

4. 设置开机时自动运行 DNS 服务器

DNS 服务器是非常重要的服务器,在开机时应该自动启动,以节省每次手动启动的时间,并且可以避免 DNS 服务器没有开启停止服务的情况。

在开机时自动开启 DNS 服务器,有以下几种方法:

(1)通过 ntsysv 命令设置 DNS 服务器自动启动

在"终端"中输入 *ntsysv* 命令后,出现如图 9-12 所示对话框,将光标移动到"named"选项,然后按【空格】键选择,最后使用【Tab】键将光标移动到"确定"按钮,并按【Enter】键完成设置。

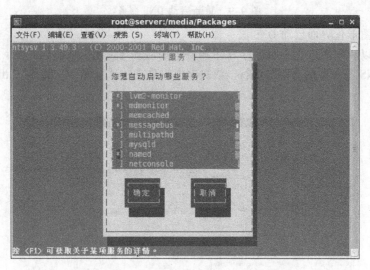

图 9-12　以 ntsysv 设置 DNS 服务器自动启动

(2)以"服务配置"设置 DNS 服务器自动启动

依次单击"系统"|"管理"|"服务器设置"|"服务",选择"named"选项,然后再选择上方工具栏中的"文件"|"保存",即可完成设置。

(3)以 chkconfig 设置 DNS 服务器自动启动

在终端中输入命令 *chkconfig --level 5 named on*,如图 9-13 所示。

以上的命令表示如果系统运行 Run Level 5 时,即系统启动图形界面的模式时,自动启动 DNS 服务器。也可以配合--list 参数的使用,来显示每个 Level 是否自动运行 DNS 服务器。

```
                    root@server:/media/Packages                  _ □ ×
文件(F)  编辑(E)  查看(V)  搜索 (S)  终端(T)  帮助(H)
[ root@server Packages]# chkconfig --level 5 named on
[ root@server Packages]# chkconfig --list | grep named
named            0:关闭  1:关闭  2:关闭  3:关闭  4:关闭  5:启用  6:关闭
[ root@server Packages]# □
```

图 9-13　以 chkconfig 设置 DNS 服务器自动启动

9.3.2　配置 DNS 服务器

为公司提供域名解析服务，在 DNS 服务器上为公司建立区域名 lnjd.com，使用域名 ftp.lnjd.com 访问公司 FTP 站点，使用域名 web1.lnjd.com 和 web2.lnjd.com 访问公司网站，使用域名 mail.lnjd.com 访问邮件服务器。目前公司的网络中只存在一台 DNS 服务器，而且需要提供反解析的服务，为了达到容错的目的，须将 IP 地址为 192.168.14.8 的 DNS 服务器设置为辅助服务器，以防止主要 DNS 服务器出现故障时产生的服务中断。

首先修改 DNS 服务器的名称和主 DNS 服务器，然后编辑全局配置文件 named.conf，配置相关参数，并将主配置文件的路径定义为 named.zones，在主配置文件中定义正向区域文件名称为 lnjd.com.zone，反向区域文件名称为 14.168.192.zone，接着创建正向区域文件，添加记录 web1.lnjd.com、web2.lnjd.com、mail.lnjd.com 和 ftp.lnjd.com，再创建反向区域文件，添加指针记录，实现反向解析服务建立并且将 IP 地址为 192.168.14.8 的计算机设置为辅助服务器。

1. 为 DNS 服务器设置 IP 地址和机器名

（1）使用命令 *ifconfig eth0 192.168.14.3 netmask 255.255.255.0* 将 DNS 服务器的 IP 设置为 192.168.14.3。

（2）使用命令 *hostname dns.lnjd.com* 将 DNS 服务器的名称设置为 dns.lnjd.com。

2. 编写配置文件/etc/resolv.conf，修改主 DNS 服务器

如果要保证 DNS 服务器配置完成后，能正常工作，需要将主 DNS 服务器志向网络中的 DNS 服务器的 IP 地址。

使用命令打开 *vi /etc/resolv.conf* 文件，/etc/resolv.conf 文件用来设置网络中 DNS 服务器的 IP 地址。/etc/resolv.conf 文件的内容如图 9-14 所示。

```
search lnjd.com
name server 192.168.14.3
```

图 9-14　客户端配置文件

（1）domain 命令

domain 命令用来定义所属网域，后接域名 lnjd.com，此命令专用在 DNS 服务器的 /etc/resolv.conf 配置文件中。

（2）name sever 命令

name server 命令用来定义域名服务器，后接域名服务器的 IP 地址，如本网络中是 192.168.14.3，用户可以设置多个域名服务器，如果第一个服务器不能提供服务时就自动使用第二个服务器。系统中还有一台计算机，IP 地址是 192.168.14.8，作为辅助域名服务器，那么/etc/resolv.conf 配置文件的内容就是

```
domain lnjd.com
name server 192.168.14.3
name server 192.168.14.8
```

项目
9

架设 DNS 服务器

3. 配置全局配置文件 named.conf

RHEL 6 版本的操作系统，默认在/var/named/chroot/etc 目录下没有有全局配置文件 named.conf，需要将/etc 目录下的文件复制到该目录下。为了保证文件的属性不发生变化，使用参数–p 进行复制，命令是 *cp –p /etc/named.conf /var/named/chroot/etc/named.conf*，再使用命令 *vi /var/named/chroot/etc/named.conf* 打开文件，如图 9-15 所示。

```
options {
    listen-on port 53 { 127.0.0.1; };//设置 BIND 监听的地址和端口，默认
                                    //只监听本机，修改为 listen-on port 53 { any;}
    listen-on-v6 port 53 { ::1; };
    directory       "/var/named";      //设置区域数据库文件的存储目录，由
                                    //于安装了 bind-chroot，所以实际的工作目录是
                                    ///var/named/chroot/var/named
    dump-file       "/var/named/data/cache_dump.db";//设置缓存 dump
                                    //数据库文件
    statistics-file "/var/named/data/named_stats.txt";//设置 bind 服务状态文件
    memstatistics-file "/var/named/data/named_mem_stats.txt";//设置内存
                                    //状态文件
    allow-query     { localhost; }; //允许查询的主机，默认只允许查询本
                                    //机，修改为 allow-query { any; }
    recursion yes;                  //可以递归查询
    dnssec-enable yes;              //返回 DNSSEC
    dnssec-validation yes;          //使用 DNSSEC 做认证
    dnssec-lookaside auto;          //设定 DNSSEC 后备结点
    bindkeys-file "/etc/named.iscdlv.key";
    managed-keys-directory "/var/named/dynamic";
};
    logging {                       //日志配置
    channel default_debug {         //配置日志通道
    file "data/named.run "
    severity dynamic };
        };
    };
zone "." IN {                       //定义"."根区域
    type hint;                      //定义区域类型为提示类型
    file "named.ca "                //指定该区域的数据库文件为//named.ca};
include "/etc/named.rfc1912.zones";//指定主配置文件路径和名称，修改为
                                    //include "/etc/named.zones"
include "/etc/named.root.key";
```

图 9-15　全局配置文件内容

全局配置文件 named.conf 分为三个部分。

（1）options 部分

用于指定 BIND 服务的参数，常用的参数包括：

① listen：指定 BIND 监听的 DNS 查询请求的本机 IP 地址及端口。

② Directory：指定区域配置文件所在的路径。其默认值是/var/named，如果安装了 chroot，该路径就是一个相对路径，绝对路径是/var/named/chroot/var/named。

③ allow-query：指定接受 DNS 查询请求的客户端。

（2）logging 部分

用于指定 BIND 服务的日志参数。

（3）根域部分

用于指定根域和主配置文件存放路径及名称，常用的参数有以下几个：

① type hint：定义区域类型。

② file "named.ca"：指定该区域的数据库文件为 named.ca。

③ include：用于指定主配置文件。默认的文件/etc/named.rfc1912.zones 是主配置文件的模版文件，修改主配置文件为/etc/named.zone。

4. 配置主配置文件 name.zones

在目录/etc 下有 named.rfc1912.zones 文件，这是主配置文件模版，使用命令 *cp –p /etc/named.rfc1912.zones /var/named/chroot/etc/ named. zones* 将该文件复制到目录/var/named/chroot/etc/下，名称为 name.zones（该名称是在全局配置文件中由参数 include 进行的定义），保留原有权限，即该文件的属组是 named，如果复制时没有加参数-p，也可以使用命令 chgrp 进行修改，如图 9-16 所示。

```
root@server:/var/named/chroot/etc
文件(F)  编辑(E)  查看(V)  搜索(S)  终端(T)  帮助(H)
[ root@dns etc]# cd /var/named/chroot/etc
[ root@dns etc]# cp -p /etc/named.rfc1912.zones /var/named/chroot/etc/named.zones
[ root@dns etc]# ll
总用量 40
-rw-r--r--. 1 root root   388 6月  16 05:01 localtime
drwxr-x---. 2 root named 4096 5月  11 19:46 named
-rw-r-----. 1 root named  988 10月  8 09:22 named.conf
-rw-r--r--. 1 root named 2389 5月  11 19:46 named.iscdlv.key
-rw-r--r--. 1 root named  931 6月  21 2007 named.rfc1912.zones
-rw-r--r--. 1 root named  487 7月  19 2010 named.root.key
-rw-r-----. 1 root named  931 6月  21 2007 named.zones
-rw-r-----. 1 root named  583 10月  8 09:25 named.zones.bak
drwxr-x---. 3 root named 4096 10月  8 08:31 pki
-rw-r-----. 1 root named   77 10月  8 09:20 rndc.key
[ root@dns etc]#
```

图 9-16　准备主配置文件

使用命令 *vi named.zones* 在 Vi 编辑器打开配置文件，编写主文件配置内容如图 9-17 所示。

```
zone "lnjd.com" IN {
      type master;
      file "lnjd.com.zone";
      allow-update { none; };
};

zone "14.168.192.in-addr.arpa" IN {
      type master;
      file "14.168.192.zone";
      allow-update { none; };
};
```

图 9-17　主配置文件内容

下面逐一介绍这个配置文件中的内容。

（1）定义正向解析区域文件

```
zone "lnjd.com" IN {
      type master;
      file "lnjd.com.zone";
      allow-update { none; };
};
```

在这个区域定义了进行 DNS 服务的主服务器，DNS 数据库的文件为"lnjd.com.zone"。数据库文件可以称为主查询文件。通过查询主查询文件，可以由 DNS 域名查询 IP 地址。

在这个解析区域有三个设置项目：

项目 9 架设 DNS 服务器

153

① type 设置掌管本域的 DNS 服务器类型。有三种类型：master、Slave、Hint。

master 该服务器是这个域的 master server，掌管第一手的 DNS 数据。每个域一定有一个 master server 负责；slave master 的备份服务器 master 与 slave 服务器在对客户提供服务时，并没有区别，主要区别在于管理者更新时直接更新 master 的数据，slave 的数据由 master 传送备份而来；hint 这个类型表示区域是根域 "."，就是整个因特网的最高层。

简单理解即是：master 表示定义的是主域名服务器；slave 表示定义的是辅助域名服务器；hint 表示是互联网中根域名服务器。

② file 用来指定具体存放 DNS 记录的文件。这个文件的位置是相对于 option 中设置的 directory 的相对路径。"lnjd.com.zone"文件在系统中的绝对路径就是/var/named/chroot/var/named/lnjd.com.zone。

（2）定义反向解析区域文件

```
zone "14.168.192.in-addr.arpa" IN {
        type master;
        file "14.168.192.zone";
        allow-update { none; };
};
```

定义反向解析区域，即 14.168.192.in-addr.arpa.zone，主反向查询文件为 14.168.192.in-addr.arpa.zone。反向查询的作用是由 IP 地址查询 DNS 域名。有一些网络应用程序必须使用反解析的功能。in-addr.arpa.是固定的定义格式，不能更换其他名字。

5. 编写正向解析区域文件

编写正向解析区域文件 /var/named/chroot/var/named/lnjd.com.zone。

RHEL 6 版本的 DNS 服务器默认在/var/named/chroot/var/named/目录中，没有正向解析区域文件和反向解析区域文件模板，该模板文件都放在目录/var/named 中，管理员在配置该解析区域文件之前，将模板文件移动到目录/var/named/chroot/var/named/中。

首先进入目录/var/named/，查看配置文件的模板文件，如图 9-18 所示，其中文件 named.localhost 是正向解析区域文件模板文件，文件 named.loopback 是反向解析区域文件模板文件。

图 9-18　查看模板文件

然后使用命令 *cp −p *.* ./chroot/var/named* 将目录/var/named 下的所有文件复制到目录/var/named/chroot/var/named/中，其中./表示当前目录，因为当前目录是/var/named，所以绝对路径就是/var/named/chroot/var/named/，如图 9-19 所示。

使用命令 *ls* 查看，目录/var/named/chroot/var/named/下有了 named.loopback 等新文件，如图 9-20 所示。

图 9-19　复制模板文件

```
root@server:/var/named/chroot/var/named                    _ □ ×
文件(F)  编辑(E)  查看(V)  搜索 (S)  终端(T)  帮助(H)
[root@server named]# cd chroot/var/named/
[root@server named]# ls
named.ca  named.empty  named.localhost  named.loopback
[root@server named]# □
```

图 9-20　查看复制后的模板文件

　　这样的操作完成后，在目录/var/named/chroot/var/named 下就有了正向解析区域文件的配置模版 named.localhost，使用参数–p 将其复制，名称为 lnjd.com.zone（该名称是在主配置文件中进行的定义），保留原有权限，即该文件的属组是 named，如果复制时没有加参数–p，也可以使用命令 chgrp 进行修改，如图 9-21 所示。

```
root@server:/var/named/chroot/var/named (于 server)        _ □ ×
文件(F)  编辑(E)  查看(V)  搜索 (S)  终端(T)  帮助(H)
[root@server ~]# cd /var/named/chroot/var/named
[root@server named]# cp -p named.localhost lnjd.com.zone
[root@server named]# ls -l
总用量 36
drwxr-x---.  6 root  named 4096 10月  1 11:14 chroot
drwxrwx---.  2 named named 4096 10月  1 11:18 data
drwxrwx---.  2 named named 4096 10月  1 15:20 dynamic
-rw-r-----.  1 root  named  152 6月  21 2007 lnjd.com.zone
-rw-r-----.  1 root  named 2075 4月  23 2014 named.ca
-rw-r-----.  1 root  named  152 12月 15 2009 named.empty
-rw-r-----.  1 root  named  152 6月  21 2007 named.localhost
-rw-r-----.  1 root  named  168 12月 15 2009 named.loopback
drwxrwx---.  2 named named 4096 5月  11 19:46 slaves
[root@server named]# □
```

图 9-21　准备正向解析区域文件

　　使用命令 *vi　lnjd.com.zone* 在 Vi 编辑器打开配置文件，编写主文件配置内容如图 9-22 所示。

```
$TTL 1D
@   IN   SOA   dns.lnjd.com.  (
          0 ; serial
          1D ; refresh
          1H; retry
          1W; expire
          3H ); minimum
        NS   @
        A   127.0.0.1
        AAAA ::1
dns     IN   A   192.168.14.3
web1    IN   A   192.168. 14.5
web2    IN   A   192.168. 14.6
mail    IN   A   192.168. 14.4
ftp     IN   A   192.168. 14.1
```

图 9-22　正向解析区域文件

　　下面逐一介绍配置文件的各字段内容。

（1）SOA 记录

@ IN SOA dns.lnjd.com

在这记录中各部分的意义分别如下：

@代表相应的域名，在这里代表 lnjd.com，即表示一个域名记录定义的开始。如果在正向解析文件中遇到@符号，则替换成 lnjd.com，在正解区域文件中首先要定义的是正解区域(lnjd.com)的声明。

IN 表示后面的数据使用的是 Internet 标准。

SOA 全名是 Source of authority，每一个 DNS 数据库文件的第一条记录都是 SOA 记录，设置整个网域地区的基本信息，包括 DNS 主机、正解区域的序号、管理员账号和各类联网存活时间。SOA 表示授权开始。

dns.lnjd.com 是这个域的主域名服务器，这个主机的名称在文件中必定有一条 A 记录。不能以 CNAME 记录的名称为授权来源。

0 ; serial

本行表示正向解析文件的序号，前面的数字表示配置文件的修改版本，格式是年月日当日修改的次数，每次修改这个配置文件时都应该修改这个数字，当更改过 primary/master DNS 数据后，secondary/slave 服务器在与 primary/master DNS 作对比时，才会自动更新 DNS 数据库，以达到同步。否则 primary/master DNS 数据库的更新就没有意义了。

1D ; refresh

本行定义的是以天为单位的刷新频率，即规定辅助域名服务器 secondary/slave 多长时间查询一个主服务器 primary/master，以保证辅助服务器的数据是最新的。DNS 默认使用的时间单位是天时，如本例中 1D，表示每隔一天辅助域名服务器会询问主域名服务器一次，也可以使用单位分钟、小时、周、其中分钟用 M 表示，小时用 H 表示，周用 W 表示。

1H ;retry

本行这个值是规定了以分钟为单位的重试的时间间隔，当辅助服务器试图在主服务器上查询更时，而连接失败了，这个值规定了辅助服务器多长时间后再试。默认单位是小时。

1W ; expiry

本行用来规定辅助服务器在向主服务更新失败后，secondary/slave 所提供域数据的有效时间。上述的数值是以周为单位的。例如，此字段值为 1W，表示如果 secondary/slave DNS 整整一周都没有与 primary/master DNS 进行联络更新，进行查证是否要更新数据时，那么 secondary/slave DNS 服务器的数据就会变成不合法的，当其他的 DNS 服务器来询问时，便会响应"目前数据都已过时（expired），不能使用"，默认的时间也是周。

$TTL 1D

TTL 的全名是 Time-to-Live，这条记录的作用是用来通知对方 DNS 保留查询数据时间。单位一般是天。

（2）NS 记录

NS 是 name server 的意思，NS 记录设置这个域中的名称服务器。如下所示：

NS dns.lnjd.com.

在此区域里，必须指定哪一台计算机为域名服务器。在第一行省略了@，实际上完整的记录是 lnjd.com IN NS dns.lnjd.com。整行的意义是：域 lnjd.com 的解析都由 dns.lnjd.com. 这台主机做解析。第二行的 dns，就是 dns.lnjd.com，整行的意义就是：进行域名解析的服务器 dns.lnjd.com 的 IP 地址是 192.168.14.3。这两行是 DNS 服务器里最重要的声明，如果不指明服务器是谁，就无法提供域名解析的服务。

（3）IN 记录

IN 是一种 Class Type，代表所指定的网络类型。IN 代表 Internet。Class Type 还有 CHAOS、

HESIOD 以及 ANY 三种值。

（4）A 资源记录

A 为 address，就是指定主机域名与 IP 地址的对应记录数据。

```
web1 IN A   192.168. 14.5
web2 IN A   192.168. 14.6
mail IN A   192.168. 14.4
ftp  IN A   192.168. 14.1
```

6. 编写反向解析区域文件

编写反向解析区域文件/var/named/chroot/var/named/14.168.192. zone。

在目录/var/named/chroot/var/named 下有正向解析区域文件的配置模板 named.local，使用参数–p 将其复制，名称为 14.168.192.zone（该名称是在主配置文件中进行的定义），保留原有权限，即该文件的属组是 named，如果复制时没有加参数–p，也可以使用命令 chgrp 进行修改，如图 9-23 所示。

图 9-23　准备反向解析区域文件

使用命令 *vi　14.168.192.zone* 在 Vi 编辑器打开配置文件，编写主文件配置内容如图 9-24 所示。

```
$TTL 1D
@   IN   SOA   dns.lnjd.com.   (
         0 ; serial
         1D ; refresh
         1H; retry
         1W; expire
         3H ); minimum
          NS  @
          A   127.0.0.1
          AAAA ::1
          PTR     localhost.
3         IN   PTR   dns.lnjd.com.
5         IN   PTR   web1.lnjd.com.
6         IN   PTR   web2.lnjd.com.
4         IN   PTR   mail.lnjd.com.
1         IN   PTR   ftp.lnjd.com.
```

图 9-24　反向解析区域文件

SOA 字段就不再介绍了，正向解析文件已经进行了详细的介绍，编写格式是一样的，不过在此文件中，默认的时间单位都是秒。

（1）NS 字段

```
NS   @
```

这是反向解析文件的重要记录，作用就是将 IP 地址对应到域名服务器。完整的编写格式应该是

```
14.168.192.in-addr.arpa. IN NS dns.lnjd.com.
```

由于@会承接/etc/named.conf 所定义的反向解析区 14.168.192.in-addr.arpa，使得其值为 14.168.192.in-addr.arpa，因此在反向解析文件中此记录可以简写为

NS @

（2）PTR 资源记录

在正向解析文件里，IN A 的作用是将完整域名对应到 IP 地址，而反向解析文件里可使用 IN PTR，将 IP 地址对应到完整域名。写法如下：

```
3 IN PTR   dns.lnjd.com.
5 IN PTR   web1.lnjd.com.
6 IN PTR   web2.lnjd.com.
4 IN PTR   mail.lnjd.com.
1 IN PTR   ftp.lnjd.com.
```

在 IP 地址 3、5、6、4 和 1 的末尾没有加 ".", DNS 会自动补成 3.14.168.192. in-addr.arpa, 5.14.168.192. in-addr.arpa, 6.14.168.192. in-addr.arpa 和 4.14.168.192. in-addr.arpa 和 1.14.168.192. in-addr.arpa, 然后根据 IN PTR 将反解 IP 地址指向完整域名，分别为 dns.lnjd.com.、web1.lnjd.com.、web2.lnjd.com.、mail.lnjd.com.和 ftp.lnjd.com.。

7. 配置辅助 DNS 服务器

在大型网络中，通过配置辅助 DNS 服务器可以提高 DNS 服务的可靠性。在 BIND 中配置辅助区域时，其主要 DNS 服务器可以是任何操作系统上的其他 DNS 服务器。本公司管理员已经在 192.168.14.3 服务器上配置了主 DNS 服务器，现在要在 192.168.14.8 上配置辅助 DNS 服务器。

（1）在 IP 地址为 192.168.14.3 的主 DNS 服务器上修改全局配置文件 namedconf，使用命令 *vi /var/named/chroot/etc/named.conf* 打开全局配置文件，在 options 部分增加参数 *allow-transfer { 192.168.14.8; };*，如图 9-25 所示，表示当前 DNS 服务器的所有主要区域都可以将数据传输到指定的辅助 DNS 服务器上。

```
options {
        listen-on port 53 { any; };
        listen-on-v6 port 53 { ::1; };
        directory       "/var/named";
        dump-file       "/var/named/data/cache_dump.db";
        statistics-file "/var/named/data/named_stats.txt";
        memstatistics-file "/var/named/data/named_mem_stats.txt";
        allow-query     { any; };
        allow-transfer { 192.168.14.8; };
        recursion yes;
        dnssec-enable yes;
        dnssec-validation yes;
        dnssec-lookaside auto;
        /* Path to ISC DLV key */
        bindkeys-file "/etc/named.iscdlv.key";
        managed-keys-directory "/var/named/dynamic";
};
logging {
        channel default_debug {
                file "data/named.run";
                severity dynamic;
        };
};
zone "." IN {
        type hint;
        file "named.ca";
};
include "/etc/named.zones";
include "/etc/named.root.key";
```

图 9-25   在主 DNS 服务器上指定辅助 DNS 服务器

（2）在 IP 地址为 192.168.14.8 辅助 DNS 服务器上，进行与主 DNS 服务器全局配置文件相同的操作，即将文件/var/named/chroot/etc/named.caching-nameserver.conf 复制为 named.conf，复制时一定要使用-p 参数，修改内容与图 9-15 完全相同。

（3）将配置文件/var/named/chroot/etc/named.rfc1912.zones 复制为主配置文件 named.zone，复制时一定要使用-p 参数，修改为如图 9-26 所示。

```
zone "lnjd.com" IN {
     type slave;
     file "slaves/lnjd.com.zone";
     masters { 192.168.14.3; };
};

zone "14.168.192.in-addr.arpa" IN {
     type slave;
     file "slaves/14.168.192.zone";
     masters { 192.168.14.3; };
};
```

图 9-26　复制 DNS 服务器主配置文件配置内容

在配置辅助 DNS 服务器时，将参数 type 类型修改为 slave，表示这是一个辅助 DNS 服务器区域，参数 file 给出的路径是一个相对路径，绝对路径是/var/named/chroot/var/named/slaves。将辅助区域的配置文件放在目录 slaves 下不是必需的，也可以放在其他目录下，但必须保证存放的目录的属主和属组都是 named，否则 BIND 将无法将从主要区域传输的 DNS 信息写入文件中。

（4）在辅助 DNS 服务器上，不需要建立解析区域文件，因为复制区域的数据是从主 DNS 服务器传输过来的。

9.3.3　客户端连接 DNS 服务器

在 DNS 服务器设置完成后，利用客户端进行测试，进行域名解析，以确保 DNS 服务器设置成功。

1．为客户机制定 DNS 服务器

不论客户端使用的是 Windows 操作系统还是 Linux 操作系统，验证 DNS 服务器的方法都一样，可以使用 ping 命令进行验证，也可以使用 nslookup 命令进行验证，还可以使用命令 host 进行验证。不管是哪种操作系统，首先必须设置首选 DNS 服务器的 IP 地址为192.168.14.3，即本公司的 DNS 服务器地址。

如果客户端为 Windows 8 操作系统，打开"控制面板"|"网络和 Internet"|"网络和共享中心"|"更改适配器设置"|"以太网"的属性，选取"Internet 协议版本 4（TCP / IPv4）"选项，单击"属性"按钮，出现如图 9-27 所示的对话框，将"首选 DNS 服务器"的 IP 地址设置为 192.168.14.3。

Windows 操作系统访问 DNS 服务器时，Linux 操作

图 9-27　设置 Windows 8 的
首选 DNS 服务器

系统的防火墙必须允许 DNS 服务通过，否则 Windows 客户机无法访问。设置方法是选择"系统"|"管理"|"防火墙"，将 DNS 服务允许通过，如图 9-28 所示。

图 9-28　设置防火墙允许 DNS 服务通过

如果是 Linux 操作系统最为客户机访问 DNS 服务器，修改 Linux 客户机的配置文件 /etc/resolv.conf 中的 name server 为 192.168.14.3。

2. 使用 ping 命令进行测试

可以使用 ping 命令测试 DNS 服务器是否正常运行。ping 命令的格式是

ping -c 次数　IP 地址（或域名）

在"终端"输入 ping 命令，ping 命令可以接 IP 地址或者域名，参数 c 可设置响应的次数，例如 -c 3，表示 ping 3 次，如果不使用 c 参数，ping 会不断地与 IP 地址联系并输出结果，直到使用【Ctrl+C】组合键结束。管理员在系统中已经设置了 DNS 服务器，IP 地址是 192.168.14.3，域名是 dns.lnjd.com.，则可以使用 ping 命令做如下测试：

输入 *ping –c 3 dns.lnjd.com*，如果系统中网络域名正确，并且 DNS 服务正常，会看到如图 9-29 所示内容。

图 9-29　使用 ping 命令检测 DNS 服务器

3. 使用 nslookup 命令进行测试

Linux 系统提供了 nslookup 工具，在"终端"中输入命令 nslookup 就进入交换式 nslookup 环境，出现提示符">"，输入命令 server，会显示当前 DNS 服务器的地址和域名，否则表示 named 没能正常启动。管理员需要验证域名 web1.lnjd.com、web2.lnjd.com、ftp.lnjdcom 和 mail.lnjd.com 的域名和 IP 地址的映射。

（1）检查正向 DNS 解析在 nslookup 提示符下输入带域名的主机名，nslookup 显示域名 web1.lnjd.com 的 IP 地址是 192.168.14.5、域名 web2.lnjd.com 的 IP 地址是 192.168.14.6、域名

ftp.lnjd.com 的 IP 地址是 192.168.14.1、域名 mail.lnjd.com 的 IP 地址是 192.168.14.4，如图 9-30 所示。

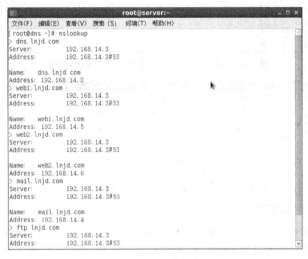

图 9-30　验证正向解析功能

（2）检查反向 DNS 解析在 nslookup 提示符下输入 IP 地址 192.168.14.5、192.168.14.6、192.168.14.1、192.168.4.199 和 192.168.14.4，nslookup 回答出该 IP 地址所对应的完整的域名，如图 9-31 所示。

图 9-31　验证反向解析功能

4. 使用 Host 命令进行测试

（1）检查正向 DNS 解析。在"终端"提示符下输入 *host+域名*，显示域名 web1.lnjd.com 的 IP 地址是 192.168.14.5、域名 web2.lnjd.com 的 IP 地址是 192.168.14.6、域名 ftp.lnjd.com 的 IP 地址是 192.168.14.1、域名 mail.lnjd.com 的 IP 地址是 192.168.14.4，如图 9-32 所示。

（2）检查反向 DNS 解析。在"终端"提示符下输入 *host+ IP 地址*，如 192.168.14.5、192.168.14.6、192.168.14.1 和 192.168.14.4，解析出 IP 地址所对应的完整的域名，如图 9-33 所示。

图 9-32　使用 host 命令检测正向解析功能

图 9-33　使用 host 命令检测反向解析功能

5. 验证辅助 DNS 服务器

（1）修改辅助 DNS 服务器的/etc/resolv.conf 文件，将该配置文件内容修改为图 9-14 所示，即将 server name 设置为 192.168.14.3。

（2）使用命令 *ls /var/named/chroot/var/named/slaves* 查看目录 slaves 下没有任何文件。

（3）使用命令 *service named restart* 重新启动 named 服务，再查看目录 slaves 下即有了两个文件 14.168.192.zone 和 lnjd.com.zone，这两个文件不是复制 DNS 服务器自己创建的，而是从主 DNS 服务器 192.168.14.3 传输过来的。

（4）使用命令 *nslookup* 进入交互环境，首先输入 *server* 查看到系统中默认的 DNS 服务器是 192.168.14.3，使用命令 *server 192.168.14.8* 将 DNS 服务器修改为 192.168.14.8，根据提示可以看出系统已经将 DNS 服务器设置为 192.168.14.8，然后输入域名 web1.lnjd.com、web2.lnjd.com 等域名和 IP 地址，都能进行正确解析，则说明辅助 DNS 服务器 192.168.14.8 已经正常工作。

9.4　项　目　总　结

本项目学习了 DNS 服务器的建立与管理，DNS 服务器的建立有些烦琐，主要通过全局配置文件、主配置文件、正向解析区域文件和反向解析区域文件完成，并且要掌握辅助 DNS 服务器的配置方法。DNS 服务器架设后，可以通过 ping、nsookup 和 host 等方式进行验证，完成域名解析。

9.5　项　目　实　训

1. 实训目的

（1）掌握 DNS 服务器的基本知识。

（2）能够配置 DNS 服务器。

（3）能够在行客户端进行使用。

2. 实训环境

（1）Linux 服务器。

（2）Windows 客户机。

（3）Linux 客户机。

3. 实训内容

（1）规划 DNS 服务器的共享资源，分配资源使用者的权限，并画出网络拓扑图。

（2）配置 DNS 服务器。

（3）使用客户端进行验证。

（4）设置 DNS 服务器自动运行。

4. 实训要求

实训分组进行，可以 2 人一组，小组讨论，确定方案后进行讲解；教师给予指导，全体学生参与评价。方案实施过程中，一台计算机作为 DNS 服务器，另一台计算机作为客户机，要轮流进行角色转换。

5. 实训总结

完成实训报告，总结项目实施中出现的问题。

9.6 项 目 练 习

一、选择题

1. 在 Linux 环境下，能实现域名解析的功能软件模块是（　　　）。

 A. apache   B. dhcpd   C. BIND   D. smb

2. 在 DNS 服务器配置文件中 A 类资源记录是什么意思？（　　　）

 A. 官方信息   B. IP 地址到名字的映射

 C. 名字到 IP 地址的映射   D. 一个 name server 的规范

3. DSN 指针记录的标志是（　　　）。

 A. PTR   B. A   C. CNAME   D. NS

4. DNS 服务使用的端口是（　　　）。

 A. TCP 53   B. UDP 53   C. TCP 54   D. UDP 69

5. 指定域名服务器的文件是（　　　）。

 A. /etc/hosts   B. /etc/network   C. /.profile   D. /etc/resolv.conf

6. 若要检查当前 Linux 操作系统是否已经按照 DNS 服务，使用以下（　　　）命令。

 A. rpm –q dns   B. rpm –q bind

 C. rpm –qa | grep bind   D. rpm –qa | grep dns

7. 检验 DNS 服务器配置是否正确，解析是否成功，最好使用（　　　）命令来实现。

 A. ping   B. netstat   C. nslookup   D. testparm

二、填空题

1. DNS 的守护进程是_____。

2. 重启 DNS 服务器可使用命令_____。

3. DNS 服务的软件包主要有_____、_____、_____和_____（不要求版本号）

4. DNS 的配置文件主要有_____、_____和_____。

5. 设置 DNS 服务开机自动运行的命令是_____。

6. 顶级域名有三类，分别是_____、_____和_____。

7. DNS 服务器的查询模式有_____和_____。

项目⑩

➡ 架设 Web 服务器

WWW（World Wide Web）即万维网，也称 Web 服务，是因特网上最受欢迎的服务之一。万维网是因特网上一个完全分布的信息系统，它能以超链接的方式方便地访问连接在因特网上的位于全世界范围的信息。

10.1 项 目 描 述

某公司网络管理员要以 Linux 网络操作系统为平台，建设公司的网站，公司的域名为 lnjd.com，公司网络拓扑如图 10-1 所示，Web 服务器的 IP 地址是 192.168.14.5 和 192.168.14.6。

图 10-1　公司局域网

作为公司的网络管理员，需要为公司建立站点，使用域名 www.lnjd.com 访问公司网站，为每位员工开通个人主页功能，设置虚拟目录的用户认证功能，实现只能由通过认证的用户访问网站，设置只有指定网段和指定域名才能访问网站，最后实现架设多个站点，分别使用基于不同端口技术，基于 IP 地址的技术和基于域名的技术实现。

10.2 相 关 知 识

10.2.1　WWW 概述

1. WWW 服务

WWW 服务采用客户机/服务器模式工作，使用超文本传输协议（HyperText Transfer Protocol，HTTP）和超文本置标语言（HyperText Markup Language，HTML），利用资源定位器 URL 完成一个页面到另一个页面的链接，为用户提供界面一致的信息浏览系统。

在万维网中，信息资源以页面的形式存储在服务器中，这些页面采用超文本方式对信息进行组织，通过统一资源定位符（URL）将位于不同地区、不同服务器上的页面链接在一起。用户通过浏览器向 WWW 服务器发出请求，服务器端根据客户端的请求内容将保存在服务器中的某个页面返回给客户端，浏览器接收到页面后进行解释，最终将图、文、声并茂的画面，呈现给用户。

2. Apache 服务器介绍

Apache 来自"a patchy server"的读音，意思是充满补丁的服务器，经过多次修改，Apache 已经成为世界上最流行的 Web 服务器软件之一。Apache 的特点是简单、速度快、性能稳定，并可以作为代理服务器来使用。Apache 的主要特征有：可以运行在所有的计算机平台；支持最新的 HTTP 协议；支持虚拟主机；简单而强有力的基于文件的配置；支持通用网关接口 CGI；支持 Java Servlets；集成 Perl 脚本编程语言等。

3. 统一资源定位符

互联网中有无数的 WWW 服务器，每个服务器上又存放着无数的页面，用户如何能够方便地获取所需要的页面呢？这就是统一资源定位符的作用。

统一资源定位符（Uniform Resource Locators，URL）是对可以从因特网上得到的资源的位置和访问方法的一种简洁的表示。URL 给资源的位置提供一种抽象的识别方法，并用这种方法给资源定位。只要能够对资源定位，系统就可以对资源进行各种操作，如存取、更新、替换和查找等。具体地说，就是用户可以利用 URL 指明使用什么协议访问哪台服务器上的什么文件。

URL 的格式如下：

<URL 的访问方式>://<主机>:<端口>/<路径>

URL 的访问方式即协议类型，常用的协议类型有超文本传输协议（HTTP）、文件传输协议（FTP）和新闻（NEWS）。

主机项是必需的，端口和路径有时可以省略。

例如，一个网页的 URL 为 http://www.fudan.edu.cn/student/index.html，http 为协议类型，www.fudan.edu.cn 是服务器即主机名，student/index.html 是路径即文件名。HTTP 的端口是 80，通常可以省略。如果使用非 80 端口，则需要指明端口号，如 http://www.fudan.edu.cn:8080/student/index.html。

4. 超文本传输协议

HTTP 是面向对象的应用层协议，它是建立在 TCP 基础之上的。每个万维网网点都有一个服务器进程，它不断地监听 TCP 的端口 80，以便发现是否有客户进程向它发出连接请求。一旦监听到连接建立请求并建立了 TCP 连接以后，浏览器就向服务器发出浏览某个页面的请求，服务器返回所请求的页面作为响应，最后，TCP 连接被释放。在浏览器与服务器进行交互的过程中，必须遵守一定的规则，这个规则就是 HTTP 协议。

服务器和浏览器利用 HTTP 协议进行交互的过程如下：

（1）浏览器确定 Web 页面的 URL。

（2）浏览器请求域名服务器解析的 IP 地址。

（3）浏览器向主机的 80 端口请求一个 TCP 连接。

（4）服务器对连接请求进行确认，建立连接的过程完成。

（5）浏览器发出请求页面报文。

（6）服务器以 index.html 页面的具体内容响应浏览器。

（7）WWW 服务器关闭 TCP 连接。

（8）浏览器将页面 index.html 的文本信息显示在屏幕上。

（9）如果 index.html 页面包含图像等非文本信息，则浏览器需要为每个图像建立一个新的 TCP 连接，从服务器获得图像并显示。

5. 超文本置标语言

超文本置标语言（HTML）是制作万维网页面的标准语言，计算机的页面制作都采用标准 HTML 语言格式，这样在通信的过程中就不会有障碍。

HTML 语言的语法与格式很简单，可以使用任何文本编辑器进行编写。下面以一个例子给出几种常用的格式与标签。打开 Vi 编辑器，编写如下内容：

```
<html>
<title> homepage</title>
<body>
<h2>This is my firse homepage</h2>
</body>
</html>
```

其中"<"表示一个标签的开始，">"表示一个标签的结束。

<html>…</html>声明这是用 HTML 写成的文档。

<title>…</title>定义页面的标题。

<body>…</body>定义页面的主体。

该文件保存名称为 index.html，保存位置为/var/www/html，打开页面后如图 10-2 所示。

图 10-2　编写主页

10.2.2　Apache 服务器的主配置文件 httpd.conf 介绍

Apache 的配置主要是通过配置文件 httpd.conf 来完成的，在配置过程中，只要根据实际网络情况修改少数的配置文件内容就完成 Apache 功能。也可以通过图形化配置界面来完成，网络管理员可以根据自己的习惯来选择配置的方法。

httpd.conf 配置文件位于/etc/httpd/conf 目录下。利用 httpd.conf，可以对 Apache 服务器进行全局环境配置、主服务器的参数定义、虚拟主机的设置。

httpd.conf 是一个文本文件，可以用 Vi、Kate 等文本编辑工具进行修改。该配置文件分为三个小节：

```
Section 1: Global Environment
Section 2: 'Main' server configuration
Section 3: Virtual Hosts
```

说明：第一小节定义全局环境；第二小节定义主服务器配置；第三小节定义虚拟主机。每个小节都有若干配置参数，每个配置参数都有详尽的英文解释，用#引导。

第一小节：全局环境设置

（1）`ServerTokens OS`

当服务器响应主机头信息时，显示 Apache 的版本和操作系统名称。

（2）`ServerRoot "/etc/httpd"`

它指定在何处保存服务器的配置、错误及日志文件。系统默认的存放位置是文件夹 /etc/httpd。

（3）`PidFile`

run/httpd.pid 该参数记录 httpd 进程的进程号。httpd 进程在提供服务的时候，原始的父进程只有一个，但为了更好地给用户提供服务，httpd 父进行可以复制自己，并且可以生成多个子进程协同完成任务，提供服务。对 httpd 父进程发送信号将影响所有的 httpd 进程。PidFile 参数中就是记录了父进程的进程号。

（4）`TimeOut 60`

TimeOut 参数定义客户和服务器连接的超时时间。如果客户请求与服务器建立连接，超过这个时间，服务器将断开这个连接，单位一般是秒。本配置文件中 TimeOut 的时间设置为 60 s，意思就是如果在 60 s 内没有收到请求或送出页面，则切断连接。

（5）`KeepAlive off`

在 HTTP 1.0 中，一次连接只能作传输一次 HTTP 请求，但在 HTTP 1.1 中，参数 KeepAlive 是由客户端发送的，客户要求一次连接、多次传输功能，这样就可以在一次连接中传递多个 HTTP 请求。将参数 KeepAlive 设置为 on 状态，表示打开这项功能；设置为 off 状态，表示关闭这项功能。

（6）`MaxKeepAliveRequests 100`

MaxKeepAliveRequests 为一次连接可以进行的 HTTP 请求的最大请求次数。将其值设为 0 表示一次连接可以发送的 HTTP 请求的次数没有限制。但实际中客户程序在一次连接中不要求请求太多的页面，通常达不到这个上限就完成连接了。这个参数不用设置，使用默认值 100 即可。

（7）`KeepAliveTimeout 15`

客户端一次连接可以发送多个请求，如果请求之间时间过长，必定会造成服务器时间资源的浪费。KeepAliveTimeout 参数测试一次连接中的多次请求传输之间的时间，如果服务器已经完成了一次请求，但在 KeepAliveTimeout 规定的时间内没有接收到客户端的下一次请求，服务器就断开连接。本配置文件中 KeepAliveTimeout 的时间设置为 15 秒。

（8）`<IfModule prefork.c>`

```
StartServers          8
MinSpareServers       5
MaxSpareServers       20
ServerLimit           256
MaxClients            256
MaxRequestsPerChild   4000
```

`</IfModule>` 设置使用 prefork MPM 运行方式的参数。

`StartServers 8`

设置服务器启动时，执行 httpd 子进程的个数。

`MinSpareServers 5`
`MaxSpareServers 20`

MinSpareServers 与 MaxSpareServers 参数设置空闲的服务器进程数量。MinSpareServers 设置下限，MaxSpareServers 设置上限。

Web 服务器在为客户提供服务时，由 HTTP 进程以及产生的子进程完成相应的服务，产生子进程肯定要产生时间延迟。为了减少这个延迟，Web 服务器要预先产生多个空闲的子进程，这些子进程驻留在内存中，如果接收到了来自客户的请求，就立即使用这些空闲的子进程提供服务，这样就不会因为产生子进程而造成时间延迟。

Apache 会定期检查有多少个 HTTP 进程正在等待连接请求，如果空闲的 HTTP 守护进程多于 MaxSpareServers 参数指定的值，例如本配置文件是 20，则 Apache 会终止某些空闲进程；如果空闲 HTTP 进程少于 MinSpareServers 参数指定的值，本例中为 5，则 Apache 会产生新的 HTTP 进程。

```
ServerLimit  256
```
设置服务器 httpd 子进程的最大数量。

```
MaxClients 150
```
该参数限制 Apache 所能提供服务的最高数值。服务器的能力是有限的，不可能同时处理无限多的连接请求，因此参数 Maxclient s 就用于规定服务器支持的最多并发访问的客户数，即同一时间连接的数目不能超过这个数值。一旦连接数目达到这个限制，Apache 服务器则不再为别的连接提供服务，以免系统性能大幅度下降。本配置文件规定最大连接数是 150 个。

这个参数限制了 MinSpareServers 和 MaxSpareServers 的设置，它们不应该大于这个参数的设置。

MaxRequestsPerChild 4000 该参数限制每个子进程在生存周期中所能处理的请求数目。使用子进程方式为客户提供服务，经常是一个子进程为一次连接服务，这样，每次连接都需要生成子进程、退出子进程的操作，使得这些操作占用了 CPU 的时间。Apache 采用一个进程可以为多次连接提供服务。一次连接结束后，子进程不是马上退出系统，而是等待下一次连接请求。

一个进程在提供服务过程中，要不断申请和释放内容空间，次数多了会造成内存碎片，降低系统的性能。所以 MaxRequestsPerChild 参数定义了每个进程所能提供的连接请求次数。一旦达到该数目，这个子进程就会被中止。

本配置文件 MaxRequestsPerChild 参数的数值是 4000，也就表示每个进程在生存周期内可以为 4000 个客户连接请求提供服务。

（9）<IfModule worker.c>
```
StartServers          4
MaxClients            300
MinSpareThreads       25
MaxSpareThreads       75
ThreadsPerChild       25
MaxRequestsPerChild   0
```
</IfModule> 设置 worker MPM 运行方式的参数。

（10）Listen 80

该参数用来指定 Apache 服务器的监听端口。一般来说，标准的 HTTP 服务默认端口号是 80，一般使用这个数值。

（11）LoadModule auth_basic_module modules/mod_auth_basic.so
LoadModule auth_digest_module modules/mod_auth_digest.so
LoadModule authn_file_module modules/mod_authn_file.so

```
LoadModule authn_alias_module modules/mod_authn_alias.so
LoadModule authn_anon_module modules/mod_authn_anon.so
...
```

设置在服务器启动时动态加载模块。Apache 采用模块化结构，各种可扩展的特定功能以模块形式存在，没有静态编进内核，这些模块可以动态地载入 Apache 服务进程中，这样大大方便了 Apache 功能的丰富和完善。

（12）`Include conf.d/*.conf`

将/etc/httpd/conf.d 中所有以.conf 为扩展名的文件包含进来，这使得 Apache 配置文件具有更好的灵活性和可扩展性。

（13）`User apache`

`Group apache`

User 和 Group 配置是 Apache 的安全保证，Apache 在打开端口之后，就将其本身设置为这两个选项设置的用户和组权限进行运行，这样就降低了服务器的危险性。在这个配置文件中，User 和 Group 设置的值均是 Apache。

第二小节：主服务器设置

（1）`ServerAdmin root@localhost`

该参数用于设置 WWW 服务器管理员的 E-mail 地址。这将在 HTTP 服务出现错误的条件下返回给浏览器，以便让 Web 使用者和管理员联系，报告错误。

（2）`ServerName www.example.com:80`

服务器的 DNS 名称。为了方便用户，在访问 Apache 服务器时，可以用用户比较熟悉的主机名代替 Apache 服务器的实际名称，ServerName 该参数使得用户可以自行设置主机名。但是这个名称必须是已经在 DNS 服务器上注册的主机名。如果当前主机没有已注册的名字，也可以指定 IP 地址。

（3）`UseCanonicalName off`

设置是否使用规范名称。当值为 off 时，表示使用由客户提供的主机名和端口号，当值为 on 时，表示使用 ServerName 指令设置的值。

（4）`DocumentRoot "/var/www/html"`

该参数定义这个服务器对外发布的超文本文档存放的路径，客户请求的 URL 就被映射为这个目录下的网页文件。这个目录下的子目录，以及使用符号连接指出的文件和目录都能被浏览器访问，只是要在 URL 上使用同样的相对目录名。

（5）`AddDefaultCharset UTF-8`

设置默认返回页面的编码，默认编码是 UTF-8，使用的是简体中文，页面中如果出现汉字，在客户端看到的页面是乱码，可以在 IE 浏览器中，选择"查看"｜"编码"中的简体中文（GB2312），就可以看到正常页面。但是每次让客户这样操作比较麻烦，最好的解决办法是管理员在服务器端进行设置，将配置选项 AddDefaultCharset 的内容设置为 GB2312，对于有各种语言的网站来说，可以将 AddDefaultCharset 的内容注释掉，这样浏览器可以自己检测语言显示页面。

（6）`<Directory />`

`Options FollowSymlinks`

`AllowOverride none`

`   </Directory >`

设置 Apache 根目录的访问权限和访问方式。

（7）<Directory "/var/www/html" >
```
Options Indexes FollowSymlinks
AllowOverride none
Order allow,deny
Allow from all
   </Directory >
```

设置 Apache 主服务器网页文件存放目录的访问权限。

（8）<IfModule mod_userdir.c>
```
UserDir disable
#UserDir public_html
   </IfModule >
```

设置用户是否可以在自己的目录下建立 public_html 目录来存放网页，如果设置为 UserDir public_html，则用户就可以通过 *http://服务器域名/~用户名*来访问其中的内容。

（9）DirectoryIndex index.html index.html.var

设置预设首页，默认是 index.html。

第三小节：虚拟主机设置

通过配置虚拟主机，可以在单个服务器上运行多个 Web 站点，对于访问量不大的站点来说，可以降低运营成本。虚拟主机可以基于 IP 地址、主机名和端口号。基于 IP 地址的虚拟主机需要计算机配置多个 IP 地址，并为每个 Web 站点分配一个唯一的 IP 地址。基于主机名的虚拟主机要求拥有多个主机名，并且为每个 Web 站点分配一个主机名。基于端口号的虚拟主机，要求不同的 Web 站点通过不用的端口号进行监听，这些端口号只要系统没有使用即可。

虚拟主机默认配置实例如下所示：
```
NameVirtualHost *: 80
<VirtualHost *: 80>
    ServerAdmin Webmaster@dummy-host.example.com
    DocumentRoot /www/docs/dummy-host.example.com
    ServerName dummy-host.example.com
    ErrorLog logs/dummy-host.example.com-error_log
    CustomLog logs/dummy-host.example.com-access_log commom
</VirtualHost>
```

10.3 项 目 实 施

10.3.1 安装 Apache 服务器

在 Linux 操作系统中，Web 服务器软件是 Apache。Apache 是世界上排名第一的 Web 服务器，它具有多种优点。如可以跨平台运行，可以运行在 Windows、Linux 和 UNIX 等多种操作系统上；源代码开放，支持很多功能模块；工作性能和稳定性高。

在安装操作系统过程中，可以选择是否安装 Apache 服务器，如果不确定是否安装了 Apache 服务器，使可以使用用命令进行查询。安装时使用 rpm 命令，需要先挂载光盘。安装完成后，查询安装的文件，并且启动 Web 服务器，设置 Web 服务器在下次系统登录时自动运行。

1. 安装 Apache 软件

在安装 Red Hat Enterprise Linux 6 时，会提示用户是否安装 Apache 服务器。用户可以选择在安装系统时完成 Apache 软件包的安装。如果不能确定 Apache 服务器是否已经安装，可以采取在"终端"中输入命令 *rpm –qa | grep httpd* 进行验证。如果如图 10-3 所示，说明系统已经安装 Apache 服务器。

图 10-3　检测是否安装 Apache 服务器

如果安装系统时没有选择 Apache 服务器，需要进行安装。在 Red Hat Enterprise Linux 6 安装盘中带有 Apache 服务器安装程序。

Apache 软件包主要包含以下几个软件：

（1）httpd–2.2.15–45.el6.i686.rpm：该包是 Apache 服务的主程序包，服务器必须安装此程序包。

（2）httpd–devel–2.2.15–45.el6.i686.rpm：Apache 开发程序包。

（3）httpd–manual–2.2.15–45.el6.noarch.rpm：Apache 手册文档，包含 HTML 格式的 Apache 计划的 Apache User's Guide 说明指南。

管理员将安装光盘放入光驱后，使用命令 *mount /dev/cdrom /media* 进行挂载，然后使用命令 *cd /media/Packages* 进入目录，使用命令 *ls | grep httpd* 找到安装包 httpd–2.2.15–45.el6. i686.rpm 安装包，如图 10-4 所示。

图 10-4　找到安装包

然后在"终端"命令窗口运行命令 *rpm –ivh httpd-2.2.15-45.el6.i686.rpm* 开始安装程序，如果出现软件依赖性错误的提示信息，将有依赖关系的其他软件包先进行安装，或者直接运行命令 *yum install httpd* 进行安装。

在安装完 httpd 服务后，可以利用命令 *rpm –ql httpd* 来查看安装后产生的文件，如图 10-5 所示。

图 10-5　查看安装后文件

在 RHEL 中安装好 Apache 2.2 后的 Web 服务器站点目录、主要配置文件和启动脚本文件如表 10-1 所示。

表 10-1　Apache Web 服务器文件和目录

类　　型	文件和目录	说　　　明
Web 站点目录	/var/www	Apache Web 站点文件的目录
	/var/www/html	Web 站点的网页文件
	/var/www/cgi-bin	CGI 程序文件
	/var/www/manual	Apache Web 服务器手册
	/var/www/usage	webalizer 程序文件
	/var/www/error	包含多种语言的 HTTP 错误信息
配置文件	.htaccess	基于目录的配置文件。包含对它所在目录中文件的访问控制指令
	/etc/httpd/conf/	Apache Web 服务器配置文件目录
	/etc/httpd/conf/httpd.conf	主要的 Apache Web 服务器配置文件
	/etc/httpd/conf/srm.conf	用来处理文档规范、配置文件类型和未知的旧版配置文件。已被整合到 httpd.conf 文件中
	/etc/httpd/conf/access.conf	设计用来存放控制对 Apache Web 站点目录和文件访问的指令的旧版本配置文件，已被整合到 httpd.conf 文件中
启动脚本	/etc/rc.d/init.d/httpd	Web 服务器守护进程的启动脚本
	/etc/rc.d/rc3.d/S85httpd	将运行级 3 目录（/etc/rc3.d）连接到目录/etc/rc.d/init.d 中的启动脚本
应用文件	/usr/sbin/	Apache Web 服务器程序文件和实用程序的位置
	/var/log/httpd	Apache 日志文件的目录

2. 启动与关闭 Apache 服务器

Apache 的配置完成后，必须重新启动服务。可以有两种方法进行启动：

（1）利用命令启动 Apache 服务器

可以在"终端"命令窗口使用命令 *service httpd start* 来启动，使用命令 *service httpd stop* 来关闭，使用命令 *service httpd restart* 来重新启动 Apache 服务器，如图 10-6～图 10-8 所示。

图 10-6　启动 Apache 服务器

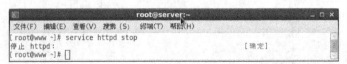

图 10-7　停止 Apache 服务器

图 10-8　重新启动 Apache 服务器

（2）利用图形化界面启动 Apache 服务器

用户也可以利用图形化桌面进行 Apache 服务器的启动与关闭。在图形界面下使用"服务"对话框进行 Apache 服务器的启动与运行。依次单击"系统"|"管理"|"服务器设置"|"服务"，出现如图 10-9 对话框，选择"httpd"，利用"开始""停止"和"重启"按钮可以完成服务器的开始、停止以及重新启动。

图 10-9　启动 http 提示框

3. 查看 Apache 服务器状态

可以输入相应命令查看 Apache 服务器目前运行的状态，如图 10-10 所示。

图 10-10　查看 Apache 服务器状态

4. 设置开机时自动运行 Apache 服务器

Apache 服务器是非常重要的服务器，在开机时应该自动启动，以节省每次手动启动的时间，并且可以避免 Apache 服务器没有开启停止服务的情况。

在开机时自动开启 Apache 服务器，有以下几种方法：

（1）通过 ntsysv 命令设置 Apache 服务器自动启动

在"终端"中输入 *ntsysv* 命令后，出现如图 10-11 所示对话框，将光标移动到 httpd 选项，然后按【空格】键选择，最后使用【Tab】键将光标移动到"确定"按钮，并按"Enter"键完成设置。

（2）以"服务配置"设置 Apache 服务器自动启动

依次单击"系统"|"管理"|"服务器设置"|"服务"，选择"httpd"选项，然后再选择上方工具栏中的"文件"|"保存"，即可完成设置。

图 10-11　以 ntsysv 设置 FTP 服务器自动启动

（3）以 chkconfig 设置 Apache 服务器自动启动

在"终端"中输入指令 *chkconfig --level 5 httpd on*，如图 10-12 所示。

图 10-12　以"chkconfig"设置 Apache 服务器自动启动

以上的指令表示如果系统运行 Run Level 5 时，即系统启动图形界面的模式时，自动启动 Apache 服务器。也可以配合--list 参数的使用，来显示每个 Level 是否自动运行 Apache 服务器。

10.3.2　配置 Web 服务器

使用 Apache 服务器架设公司的网站，使用域名 www.lnjd.com 访问公司网站首页，再使用别名 news 访问虚拟目录。网络管理员进行网络规划，Web 服务器的 IP 地址设置为 192.168.14.5，首先利用 Apache 服务器，使用 IP 地址 192.168.14.5 架设 Web 服务器，实现客户机访问公司网站；再在 DNS 服务器中添加主机记录 www.lnjd.com，实现使用域名 www.lnjd.com 访问公司网站，最后使用 Apache 的虚拟目录功能，使用虚拟目录 news 访问公司的新闻网页。

1. 设置 IP 地址和 DNS 服务器

使用命令 *ifconfig eth0 192.168.14.5 netmask 255.255.255.0* 将 Web 服务器的 IP 地址设置

为 192.168.14.5，使用命令 *hostname dns.lnjd.com* 将主机名称设置为 dns.lnjd.com，修改配置文件/etc/resolv.conf 的 nameserver 192.168.14.3，将 DNS 服务器地址设置为 192.168.14.3。

2. 测试 Apache 服务器

Apache 服务安装并使用命令 *service httpd start* 启动后，可以在 Web 浏览器中输入 http://192.168.14.5，出现测试网页，如图 10–13 所示。

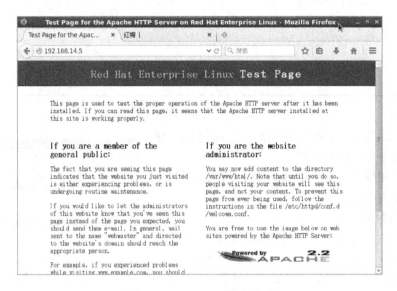

图 10–13　Apache 测试页面

3. 利用 IP 地址访问网站

使用 HTML 语言编写网页 index.html，并存放在路径/var/www/html 下，或者使用命令 *echo This is first homepage>/var/www/html/index.html* 生成网页文件，重新启动 Apache 后，在浏览器中输入 http://192.168.14.5，出现公司网站的首页，如图 10–14 所示。

图 10–14　使用 IP 地址访问网站

4. 利用域名访问网站

如果使用域名访问站点，需要在 DNS 服务器中设置相应的记录，这部分内容已经在项目 9 中进行了详细的介绍，这里不再赘述。简单的说就是首先设置全局配置文件 named.conf，将

```
listen-on port 53 { 127.0.0.1; }; //修改为 listen-on port 53 { any; }
allow-query { localhost; };        //修改为 allow-query { any; }
```

并且指定主配置文件名称为 named.zones，全局配置文件的修改详见图 9–15。

主配置文件 named.zones 具体内容如下所示：

```
zone "lnjd.com" IN {
    type master;
    file "lnjd.com.zone";
    allow-update { none; };
};
```

在该配置文件中，设定正向解析区域文件为 lnjd.com.zone，lnjd.com.zone 文件内容如图 10–15 所示。

```
$TTL 1D
@  IN  SOA  dns.lnjd.com. (
           0 ; serial
          1D ; refresh
          1H; retry
          1W; expire
          3H ); minimum
          )
      NS  @
       A  127.0.0.1
       AAAA ::1
dns   IN  A  192.168.14.3
www   IN  A  192.168. 14.5
```

图 10-15　正向解析区域文件

使域名 www.lnjd.com 对应 IP 地址 192.168.14.5，使用 *nslookup* 命令验证域名正确。

在浏览器中输入 http://www.lnjd.com，出现公司网站的首页，如图 10-16 所示。

图 10-16　使用域名访问网站

5. 建立虚拟目录

要从 Web 站点主目录以外的其他目录发布站点，可以使用虚拟目录实现。虚拟目录是一个位于 Apache 服务器主目录之外的目录，它不包含在 Apache 服务器的主目录中，但在客户机看来，它与位于主目录的子目录是一样的。每一个虚拟目录都有一个别名，客户端通过这个别名来访问虚拟目录。

在 Apache 服务器的主配置文件 httpd.conf 中，通过 Alias 指令设置虚拟目录。默认情况下，该文件已经建立了/icons 和/manual 两个虚拟目录，它们对应的物理路径是/var/www/icons 和/var/www/manual。

（1）使用命令 *mkdir -p /xuni* 建立物理目录，使用命令 *cd /xuni* 进入该目录，再使用命令 *echo This is news site> index.html* 创建网页，如图 10-17 所示。

图 10-17　创建物理目录和网页文件

（2）使用命令 *chmod 705 index.htm*l 修改默认网页文件 index.html 的权限，使其他用户具有读和执行权限，如图 10-18 所示。

图 10-18　修改并查看 index.html 权限

（3）使用 V i 编辑器修改主配置文件 httpd.conf, 添加语句 *Alias /news "/xuni"*, 如图 10-19 所示。

（4）使用命令 *service httpd restart* 重启 Apache 服务器。

（5）在浏览器中输入 *http://www.lnjd.com/news* 访问虚拟目录，如图 10-20 所示。

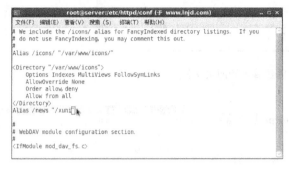

图 10-19　修改 httpd.conf 文件

图 10-20　访问虚拟目录

10.3.3　配置个人主页功能

公司为每位员工建立个人主页，提供沟通平台，用户可以方便地管理自己的空间。为了实现个人主页功能，首先需要修改 Apache 服务器的主配置文件，启用个人主页功能，设置用户个人主页主目录，然后创建个人主页，再创建用户，修改用户的家目录/home/rose 权限为 705，使其他用户具有访问和读取的权限，最后在浏览器中输入 http://www.lnjd.com/~rose 进行访问验证。

1. 修改 Apache 服务器的主配置文件 httpd. conf

使用 Vi 编辑器修改主配置文件 httpd.conf，找到模块

```
<IfModule mod_userdir.c>
    UserDir disable
    #UserDir public_html
</IfModule >
```

默认情况下，Apache 服务器没有开启个人主页功能，由 UserDir disable 指定，在该指令前加上"#"注释符，表示开启个人主页功能，同时将指令 #UserDir public_html 前的注释符去掉，指定个人主页的主目录为 public_html，该目录在用户的主目录中，本任务中是/home/rose/public_html。

修改后的配置文件如图 10-21 所示。

2. 创建用户

使用命令 *useradd rose* 创建本任务中需要的用户 rose。用户创建后会在/home 中自动创建目录 rose。

图 10-21　修改后的 httpd.conf 文件

3. 创建目录、网页文件和修改权限

使用命令 *cd /home/rose* 进入目录，再使用命令 *mkdir public_html* 创建网页主目录，然后使用命令 *echo This is rose homepage>public_html/index.html* 创建网页文件，最后使用命令 *chmod 705 /home/rose* 修改 rose 目录权限，使其他用户有读取和执行权限，如图 10-22 所示。

项目
⑩
架设 Web 服务器

177

图 10-22　创建目录和网页文件

4. 重启 Apache 服务器

使用命令 *service httpd restart* 重启 Apache 服务器。

5. 访问个人主页

在浏览器中输入 *http://www.lnjd.com/~rose* 访问个人主页，如图 10-23 所示。

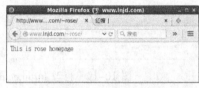

图 10-23　访问个人主页

10.3.4　建立基于用户认证的虚拟目录

为用户 rose 设置认证的虚拟目录，首先需要修改 Apache 服务器的主配置文件，创建虚拟目录，再设置目录权限，然后创建密码文件，再准备网页，最后在浏览器中输入 http://www.lnjd.com/rz 进行访问验证。

1. 修改 Apache 服务器的主配置文件 httpd. conf

使用 Vi 编辑器修改主配置文件 httpd.conf，添加虚拟目录

```
 Alias /rz "/virt/rz"
<Directory "/virt/rz">
   Options Indexes
   AllowOverride Authconfig
   AuthType basic
   AuthName "Input user and password"
   AuthUserFile /var/www/html/htpasswd
   Require valid-user
</Directory>
```

Options 设置特定目录中的服务器特性，参数 Indexes 表示允许目录浏览，当访问的目录中没有 DirectoryIndex 参数指定的网页文件时，会列出目录中的目录清单；AllowOverride 设置如何使用访问控制文件.htpasswd，该文件是一个访问控制文件，用来配置相应目录的访问方法，如果设置为 None，表示禁止使用所有指令，即忽略文件.htapasswd，如果设置为 Authconfig，则表示开启认证、授权以及安全的相关指令；AuthType basic 为基本身份认证；AuthName 表示当浏览器弹出认证对话框时出现的提示信息。

AuthUserFile 指定了用户密码文件，该任务中将该文件设置为网站的主目录/var/www/html 中，并设定名称为 hypassword；Require 设置允许访问虚拟目录的用户，valid-user 表示该密码文件中所有用户都可以访问，如果只允许用户 rose 访问，可以设置为 Require User rose。

2. 生成认证文件

访问控制文件.htpasswd 默认不存在，使用命令 *htpasswd -c /var/www/html/thpasswd rose* 来创建该文件，参数-c 表示新创建一个密码文件，再添加用户时就不用加该参数了，输入密码即可成功将用户 rose 添加到该密码文件中，如图 10-24 所示。

图 10-24　创建密码文件

3. 创建目录、网页文件

使用命令 *mkdir –p /virt/rz* 创建虚拟目录对应的物理目录，然后使用命令 *echo This is Renzheng homepage>/virt/rz/index.html* 创建网页文件，如图 10-25 所示。

图 10-25　创建目录和网页文件

4. 重启 Apache 服务器

使用命令 *service httpd restart* 重启 Apache 服务器。

5. 访问虚拟目录

在浏览器中输入 *http://www.lnjd.com/rz* 访问虚拟目录，如图 10-26 所示，需要输入用户名和密码，输入用户 rose 和密码，成功访问网页，如图 10-27 所示。

图 10-26　提示输入用户名和密码窗口

图 10-27　认证成功访问网页

如果用户密码输入错误，不会获得访问权限，一直停留在验证的界面，如果不知道用户名和密码，单击"取消"按钮，出现如图 10-28 所示提示，表示验证是必需的。

图 10-28　认证失败提示网页

10.3.5　建立访问控制的虚拟目录

禁止域名 lnjd.com 和网段 192.168.14.0 访问 Web 站点。首先需要修改 Apache 服务器的主配置文件，创建访问列表，再设置目录和网页，然后进行验证，出现拒绝访问页面，再将拒绝访问列表删除，再次访问网页成功，说明基于访问控制的虚拟目录成功。

最后在浏览器中输入 http://www.lnjd.com/~rose 进行访问验证。

1. 修改 Apache 服务器的主配置文件 httpd.conf

使用 Vi 编辑器修改主配置文件 httpd.conf，添加虚拟目录。

```
 Alias /jj "/virt/jj"
<Directory "/virt/jj">
   Options Indexes
   AllowOverride none
   Order deny,allow
   Deny from lnjd.com
   Deny from 192.168.14.0/24
</Directory>
```

Order 用于指定 Apache 默认的访问权限及 Allow 和 Deny 语句的处理顺序；Deny 定义拒绝访问控制列表；Allow 定义允许访问控制列表。

指令有两种形式：

（1）Order Allow,Deny：在执行拒绝访问规则之前先执行允许访问规则，默认情况下将会拒绝所有没有明确被允许的客户。

（2）Order Deny,Allow：在执行允许访问规则之前先执行拒绝访问规则，默认情况下将会允许所有没有明确被允许的客户。

Deny 和 Allow 指令后面需要写访问控制列表，访问控制列表可以使用如下几种形式：

（1）All：表示所有客户。

（2）域名：表示域内所有客户，如 lnjd.com。

（3）IP 地址：可以指定完整的 IP 地址或部分 IP 地址。

（4）网络/子网掩码：如 192.168.14.0/255.255.255.0。

（5）CIDR 规范：如 192.168.14.0/24。

本任务默认规则是允许所有客户访问，除了域名 lnjd.com 和 192.168.14..0 网段的客户。

2. 创建目录、网页文件

使用命令 *mkdir /virt/jj* 创建虚拟目录对应的物理目录，然后使用命令 *echo This is jujue homepage>/virt/jj/index.html* 创建网页文件，如图 10-29 所示。

图 10-29　创建目录和网页文件

3. 重启 Apache 服务器

使用命令 *service httpd restart* 重启 Apache 服务器。

4. 访问虚拟目录

在浏览器中输入 *http://www.lnjd.com/jj* 访问虚拟目录，如图 10-30 所示，拒绝访问。

图 10-30　拒绝访问网站

5. **修改主配置文件**

再次使用 Vi 编辑器修改主配置文件 httpd.conf，修改虚拟目录

```
 Alias /jj "/virt/jj"
<Directory "/virt/jj">
   Options Indexes
   AllowOverride none
   Order deny,allow
</Directory>
```

将拒绝访问列表删除。

6. **重启 Apache 服务器**

使用命令 *service httpd restart* 重启 Apache 服务器。

7. **访问虚拟目录**

在浏览器中输入 *http://www.lnjd.com/jj* 访问虚拟目录，如图 10-31 所示，成功访问。

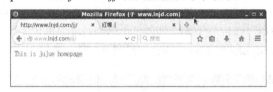

图 10-31　去掉拒绝规则，成功访问网站

10.3.6　配置基于不同端口的虚拟主机

基于端口号的虚拟主机技术可以在一个 IP 地址上建立多个站点，只需要服务器有一个 IP 地址即可，所有的虚拟主机共享同一个 IP，各虚拟主机之间通过不同的端口号进行区分。在设置基于端口号的虚拟主机的配置时，需要利用 Listen 语句设置所监听的接口。

为了实现基于端口号的虚拟主机，首先需要修改 Apache 服务器的主配置文件，设置不同端口 8080 和 8000，再创建存放网页的目录，两个站点的目录分别是/var/www/port8000 和/var/www/port8080，然后准备网页，最后在浏览器中输入 http://192.168.14.5:8000 和 http://192.168.14.5:8080 进行访问验证。

1. **虚拟主机概述**

虚拟主机是在网络服务器上上划分出一定的磁盘空间供用户放置站点、应用组件等，提供必要的站点功能、数据存放和传输功能。虚拟主机，也叫网站空间，就是把一台运行在互联网上的服务器划分成多个虚拟服务器，每一个虚拟服务器都有独立的域名和完整的 Internet 服务器功能，如提供 WWW、FTP 和 E-mail 等功能。

使用虚拟主机技术架设多个站点有三种方法，分别是基于端口的虚拟主机技术、基于 IP 地址的虚拟主机技术和基于名称的虚拟主机技术。

2. **修改 Apache 服务器的主配置文件 httpd. conf**

使用 Vi 编辑器修改主配置文件 httpd.conf，修改内容如下：

```
 Listen 8000
 Listen 8080
<VirtualHost 192.168.14.5:8000>
   DocumentRoot /var/www/port8000
   DirectoryIndex index.html
```

```
    Serveradmin root@lnjd.com
    ErrorLog  logs/port8000-error_log
    CustomLog logs/port8000-access_log commom
</VirtualHost>
<VirtualHost 192.168.14.5:8080>
    DocumentRoot /var/www/port8080
    DirectoryIndex index.html
    Serveradmin root@lnjd.com
    ErrorLog  logs/port8080-error_log
    CustomLog logs/port8080-access_log commom
</VirtualHost>
```

设置两个监听端口 Listen 8000 和 Listen 8080，在 VirtualHost 中设置端口号、网站主目录位置和默认文档。

3. 创建目录、网页文件

使用命令 *mkdir -p /var/www/port8000* 和命令 *mkdir -p /var/www/port8080* 创建网站主目录，然后使用命令 *echo This is site of port 8000>/var/www/port8000/index.html* 和命令 *echo This is site of port 8080>/var/www/port8080/index.html* 创建网页文件，如图 10-32 所示。

图 10-32　创建目录和网页文件

4. 重启 Apache 服务器

使用命令 *service httpd restart* 重启 Apache 服务器。

5. 访问网站

在浏览器中输入 http://www.lnjd.com:8000 访问端口为 8000 的网站，如图 10-33 所示，输入 http://www.lnjd.com:8080 访问端口为 8080 的网站，如图 10-34 所示。也可以使用 IP 地址进行访问。

图 10-33　基于端口 8000 的网站

图 10-34　基于端口 8080 的网站

10.3.7 配置基于 IP 地址的虚拟主机

基于 IP 地址的虚拟主机技术可以在不同 IP 地址上建立多个站点，需要为服务器配置多个 IP 地址，各虚拟主机之间通过不同的 IP 地址进行区分。首先需要为服务器设置两个 IP 地址，分别是 192.168.14.7 和 192.168.14.6，然后修改 Apache 服务器的主配置文件，设置不同 IP 地址的虚拟主机选项，再创建存放网页的目录，两个站点的目录分别是/var/www/ip1 和 /var/www/ip2，然后准备网页，最后在浏览器中输入 http://192.168.14.7 和 http://192.168.14.6 进行访问验证。

1. 设置服务器的 IP 地址

Apache 服务器已经有一个 IP 地址 192.168.14.5，可以使用命令 *ifconfig eth0:0 192.168.14.6 netmask 255.255.255.0* 和命令 *ifconfig eth0:0 192.168.14.7 netmask 255.255.255.0* 为该服务器再设置两个 IP 地址，eth0:0 是网卡 eth0 的别名，IP 地址可以独立使用，设置完成后使用命令 *ifconfig* 查看有多个 IP 地址，如图 10-35 所示。

图 10-35　为 eth0 设置多个 IP 地址

2. 修改 Apache 服务器的主配置文件 httpd. conf

使用 Vi 编辑器修改主配置文件 httpd.conf，修改内容如下：

```
 Listen 80
<VirtualHost 192.168.14.7>
   DocumentRoot /var/www/ip1
   DirectoryIndex index.html
   Serveradmin root@lnjd.com
   ErrorLog  logs/ip1-error_log
   CustomLog logs/ip1-access_log commom
</VirtualHost>
<VirtualHost 192.168.14.6>
   DocumentRoot /var/www/ip2
   DirectoryIndex index.html
   Serveradmin root@lnjd.com
   ErrorLog  logs/ip2-error_log
   CustomLog logs/ip2-access_log commom
</VirtualHost>
```

项目 10　架设 Web 服务器

设置监听端口为 80，在 VirtualHost 中设置 IP 地址、网站主目录位置和默认文档。

3. 创建目录、网页文件

使用命令 mkdir –p /var/www/ip1 和命令 mkdir –p /var/www/ip2 创建网站主目录，然后使用命令 *echo This is site of ip1>/var/www/ip1/index.html* 和命令 *echo This is site of ip2>/var/www/ip2/index.html* 创建网页文件，如图 10–36 所示。

图 10–36　创建目录和网页文件

4. 重启 Apache 服务器

使用命令 *service httpd restart* 重启 Apache 服务器。

5. 访问站点

在浏览器中输入 http://192.168.14.7 访问站点，如图 10–37 所示，输入 http://192.168.14.6 访问站点，如图 10–38 所示。

图 10–37　访问基于 192.168.14.7 的站点

图 10–38　访问基于 192.168.14.6 的站点

10.3.8　配置基于名称的虚拟主机

基于名称的虚拟主机技术可以在不同域名上建立多个站点，服务器只有一个 IP 地址即可，需要为服务器配置多个域名，各虚拟主机之间通过不同的域名进行区分。首先需要为服务器设置两个域名，分别是 web1.lnjd.com 和 web2.lnjd.com，两个域名对应的 IP 地址都是192.168.14.6，然后修改 Apache 服务器的主配置文件，设置不同虚拟主机选项，再创建存放网页的目录，两个站点的目录分别是/var/www/web1 和/var/www/web2，然后准备网页，最后在浏览器中输入 http://web1.lnjd.com 和 http://web2.lnjd.com 进行访问验证。

1. 设置域名

设置基于名称的虚拟主机,需要在DNS服务器中设置域名web1.lnjd.com和web2.lnjd.com,这部分内容已经在项目 9 中进行了详细介绍,这里不再赘述。简单地说就是首先设置全局配置文件 named.conf,指定主配置文件名称为 named.zones,在 named.zones 中设定正向解析区域文件为 lnjd.com.zone,在正向解析区域文件 lnjd.com.zone 中必须有主机记录:

```
web1 IN A  192.168.14.6
web2 IN A  192.168.14.6
```

并且修改配置文件/etc/resolv.conf,指定 DNS 服务器地址为 192.168.14.3,即 nameserver 192.168.14.3。最后利用 nslookup 命令解析域名 web1.lnjd.com 和 web2.lnjd.com,必须保证解析正确,否则基于名称的虚拟主机无法成功。

2. 修改 Apache 服务器的主配置文件 httpd.conf

使用 Vi 编辑器修改主配置文件 httpd.conf,修改内容如下:

```
 NameVirtualHost 192.168.14.6:80
<VirtualHost 192.168.14.6>
   DocumentRoot /var/www/web1
   DirectoryIndex index.html
   ServerName web1.lnjd.com
   Serveradmin root@lnjd.com
   ErrorLog  logs/web1-error_log
   CustomLog logs/web1-access_log commom
</VirtualHost>
<VirtualHost 192.168.14.6>
   DocumentRoot /var/www/web2
   DirectoryIndex index.html
   ServerName web2.lnjd.com
   Serveradmin root@lnjd.com
   ErrorLog  logs/ipweb2-error_log
   CustomLog logs/web2-access_log commom
</VirtualHost>
```

设置 NameVirtualHost 为 192.168.14.6,在 VirtualHost 中设置域名、网站主目录位置和默认文档。

3. 创建目录、网页文件

使用命令 *mkdir -p /var/www/web1* 和命令 *mkdir -p /var/www/web2* 创建网站主目录,然后使用命令 *echo This is site of web1 >/var/www/web1/index.html* 和命令 *echo This is site of web2> /var/www/web2/index.html* 创建网页文件,如图 10-39 所示。

图 10-39 创建目录和网页文件

4. 重启 Apache 服务器

使用命令 *service httpd restart* 重启 Apache 服务器。

5. 访问网站

在浏览器中输入 *http://web1.lnjd.com* 访问第一个网站, 如图 10-40 所示, 输入 *http://web2.lnjd.com* 访问第一个网站, 如图 10-41 所示。

图 10-40　使用域名访问第一个网站

图 10-41　使用域名访问第二个网站

10.4　项 目 总 结

本项目学习了 Web 服务器的建立与管理, Web 服务器主要通过 Apache 软件进行配置, 要求掌握服务器安装、配置 Web 服务器, 使用域名 www.lnjd.com 访问公司网站、配置个人主页功能、建立基于用户认证的虚拟目录、建立访问控制的虚拟目录、建立基于不同端口的虚拟主机、建立基于 IP 的虚拟主机和建立基于名称的虚拟主机。

10.5　项 目 实 训

1. 实训目的

（1）掌握 Web 服务器的基本知识。

（2）能够配置 Web 服务器。

（3）能够进行客户端进行验证。

2. 实训环境

（1）Linux 服务器。

（2）Windows 客户机。

（3）查看网卡的 IP 地址是否设置正确, 检测 Linux 服务器和 Windows 客户机是否连通, 查看 Apache 服务程序是否安装, 查看防火墙是否允许 Web 服务。

3. 实训内容

（1）规划 Web 服务器资源和访问资源的用户权限, 并画出网络拓扑图。

（2）配置 Web 服务器。

① 启动 Web 服务。

② 使用域名 www.lnjd.com 访问公司网站。

③ 配置个人主页功能。

④ 建立基于用户认证的虚拟目录。

⑤ 建立访问控制的虚拟目录。

⑥ 建立基于不同端口的虚拟主机。

⑦ 建立基于 IP 的虚拟主机。

⑧ 建立基于名称的虚拟主机。

（3）在客户端进行上传和下载。

在客户端分别使用浏览器和命令方式访问 Web 服务器。

（4）设置 Web 服务器自动运行。

4. 实训要求

实训分组进行，可以 2 人一组，小组讨论，确定方案后进行讲解；教师给予指导，全体学生参与评价。方案实施过程中，一个计算机作为 Web 服务器，另一台计算机作为客户机，要轮流进行角色转换。

5. 实训总结

完成实训报告，总结项目实施中出现的问题。

10.6 项 目 练 习

一、选择题

1. 在 Apache 基于用户名的访问控制中，生成用户密码文件的命令是（　　）。

    A. smbpasswd   B. htpasswd   C. passwd   D. password

2. 下面（　　）不是 Apache 基于主机的访问控制命令。

    A. allow   B. deny   C. all   D. order

3. Web 服务器的主配置文件是（　　）。

    A. smb.conf   B. vsftpd.conf   C. dhcpd.conf   D. httpd.conf

4. Web 服务器采用的端口是（　　）。

    A. 53   B. 80   C. 21   D. 69

5. 访问 Web 服务器采用的协议是（　　）。

    A. HTTP   B. FTP   C. DNS   D. Web

6. 以下关于 Apache 的描述（　　）是错误的。

    A. 不能改变服务端口   B. 只能为一个域名提供服务

    C. 可以给目录设定密码   D. 默认端口是 8080

7. 若要设置站点的默认主页，可在配置文件中通过（　　）配置项来实现。

    A. RootIndex   B. ErrorDocument

    C. DocumentRoot   D. DirectoryIndex

二、填空题

1. Apache 服务器的主配置文件包含的三个部分是_____、_____和_____。

2. 启动 Web 服务器使用命令_____。

3. Web 就是_____，Web 的英文全称是_____。

4. Apache 服务器存放文档的默认根目录是_____。

5. 设置 Web 服务开机自动运行的命令是_____。

项目⑪

→ 架设 FTP 服务器

文件传输协议（File Transfer Protocol，FTP）用于实现文件在远端服务器和本地主机之间的传送。本项目将介绍以 Linux 操作系统为平台，使用 vsftpd 服务器软件架设 FTP 服务器，实现文件上传和下载等功能。

11.1　项　目　描　述

某公司拓扑如图 11-1 所示。该公司以 Linux 网络操作系统为平台，建设公司 FTP 站点，实现各部门之间的文件传送功能，并实现用户隔离的 FTP 站点。FTP 服务器的 IP 地址是 192.168.14.1。

|FTP|DNS|邮件|DHCP|FTP|
|服务器|服务器|服务器|服务器|客户机|

图 11-1　公司局域网

公司的网络管理员为了完成该项目，需要首先安装 FTP 服务器软件；安装 FTP 服务器后，默认情况下匿名用户可以下载文件，但是不能上传文件，进行服务器配置，使匿名用户能够上传和下载文件；设置 ftpusers 文件，即设置黑名单，禁止特定用户访问 FTP 服务器，并在用户登录时出现欢迎信息；然后将本地用户锁定在用户的主目录中，提高安全性；最后实现只有特定用户访问 FTP 服务器，即设置白名单。

11.2　相　关　知　识

11.2.1　FTP 概述

因特网服务器中存有大量的共享软件和免费资源，要想从服务器中把文件传送到客户机上或者将客户机上的资源传送至服务器，就必须在两台机器中进行文件传送，此时双方要遵循一定的规则，如传送文件的类型与格式。基于 TCP 的文件传输协议 FTP 和基于 UDP 的简单文件传输协议 TFTP 都是文件传送时使用的协议。它们的特点是：复制整个文件，即若要存取一个文件，就必须先获得一个本地的文件副本。如果要修改文件，只能对文件的副本进行修改，然后将修改后的副本传回到原结点。

FTP 用于实现文件在远端服务器和本地主机之间的传送。FTP 采用的传输层协议是面向连接的 TCP 协议，使用端口 20 和 21。其中 20 端口用于数据传输，21 端口用于控制信息的传输。控制信息和数据信息能够同时传输，这是 FTP 的特殊之处。

FTP 的另一个特点是假如用户处于不活跃的状态，服务器会自动断开连接，强迫用户在需要时重新建立连接。

FTP 使用客户机/服务器模式。一个 FTP 服务器进程可同时为多个客户进程提供服务。FTP 的服务器进程由两大部分组成：一个主进程，负责接受新的请求；若干从属进程，负责处理单个请求。

主进程的工作步骤如下：

（1）打开端口 21，使客户进程能够连接上。

（2）等待客户进程发出连接请求。

（3）启动从属进程来处理客户进程发来的请求。从属进程对客户进程的请求处理完毕后即终止，但从属进程在运行期间根据需要还可以创建其他一些子进程。

（4）回到等待状态，继续接受其他客户进程发来的请求。主进程和从属进程的处理是并发地进行。

11.2.2　vsftpd 的用户类型

用户必须经过身份验证才能登录到 FTP 服务器，然后才可以访问和传输 FTP 服务器上的文件。vsftpd 的用户主要分为三类：匿名用户、本地系统用户和虚拟用户。

匿名用户是在 vsftpd 服务器上没有用户账号的用户。如果 vsftpd 服务器提供匿名用户功能，那么当客户端访问 FTP 服务器时，就可以输入匿名用户名，匿名用户名是 ftp 或者 amonymous，然后输入用户的 E-mail 地址作为密码进行登录，也可以不输入密码直接登录，这是 vsftpd 默认允许的方式，vsftpd 服务器默认是允许匿名用户下载数据，不能上传数据。当匿名用户登录到服务器后，进入的目录是/var/ftp。

本地系统用户是在安装 vsftpd 服务的 Linux 操作系统上拥有的用户账号，本地系统用户输入自己的名称和密码可登录到 FTP 服务器上，并且直接进入该用户的主目录。vsftpd 在默认情况下，允许本地系统用户访问，并且允许该用户进入系统中其他目录，这存在安全隐患。

相对于本地系统用户来说，虚拟用户只是 FTP 服务的专有用户，虚拟用户只能访问 FTP 服务器所提供的资源，不能访问 FTP 服务器所在主机的其他目录。对于需要提供下载，但又不希望所有用户都可以匿名下载并且又考虑到主机的安全和管理方便的 FTP 站点来说，虚拟用户是一种很好的解决方案。虚拟用户需要在 vsftpd 服务器中进行相应配置才可以使用。

11.2.3　主配置文件 vsftpd.conf 介绍

FTP 服务器的配置主要是通过配置文件 vsftpd.conf 来完成的，使用 Vi 编辑器打开配置文件 vi /etc/vsftpd/vsftpd.conf，这是 FTP 服务器安装后的默认设置，主要内容如图 11-2 所示。

```
anonymous_enable=YES
local_enable=YES
write_enable=YES
local_umask=022
dirmessage_enable=YES
xferlog_enable=YES
connect_from_port_20=YES
xferlog_std_format=YES
listen=YES
pam_service_name=vsftpd
userlist_enable=YES
tcp_wrappers=YES
```

图 11-2 配置文件 vsftpd.conf 内容

在该配置文件中，没有显示注释行的内容，即以"#"开头的配置语句行。下面逐一介绍配置文件中的内容和作用。

（1）anonymous_enable=YES

允许匿名登录。

（2）local_enable=YES

允许本地用户登录。

（3）write_enable=YES

开放本地用户的写权限。

（4）local_umask=022

设置本地用户的文件生成掩码为 022，默认值为 077。

（5）dirmessage_enable=YES

当切换到目录时，显示该目录下的.message 隐含文件的内容，这是由于默认情况下有 message_file = .message 的设置。

（6）xferlog_enable=YES

激活上传和下载日志。

（7）connect_from_port_20=YES

启用 FTP 数据端口的连接请求。

（8）xferlog_std_format=YES

使用标准的 ftpd xferlog 日志格式

（9）listen=YES

使 vsftpd 处于独立启动模式。

（10）pam_service_name=vsftpd

设置 PAM 认证服务的配置文件名称，该文件存放在/etc/pam.d 目录下。

（11）userlist_enable=YES

激活 vsftpd 检查 userlist_file 指定的用户是否可以访问 vsftpd 服务器， userlist_file 的默认值是/etc/vsftpd.user_list，由于默认情况下 userlist_deny = YES，所以/etc/vsftpd.user_list 文件中所列的用户均不能访问此 vsftpd 服务器。

（12）tcp_wrappers=YES

使用 tcp_wrappers 作为主机访问控制方式。

11.3 项目实施

11.3.1 安装 FTP 服务器

在 Linux 操作系统中，FTP 服务器软件众多，比较流行的是 vsftpd（Very Secure）。vsftpd 具有安全、高速和稳定等性能。在安装操作系统过程中，可以选择是否安装 FTP 服务器，如果不确定是否安装了 FTP 服务，使用命令进行查询。安装时使用 rpm 命令，需要先挂载光盘。安装完成后，查询安装的文件，并且启动 FTP 服务器，设置 FTP 服务器在下次系统登录时自动运行。

1. 安装 vsftpd 软件

在安装 Red Hat Enterprise Linux 6 时，会提示用户是否安装 FTP 服务器。用户可以选择在安装系统时完成 FTP 软件包的安装。如果不能确定 FTP 服务器是否已经安装，可以采取在"终端"中输入命令 *rpm –qa | grep vsftpd* 进行验证。如果出现如图 11-3 所示的界面，说明系统已经安装 FTP 服务器。

图 11-3　检测是否安装 FTP 服务

如果安装系统时没有选择 FTP 服务器，需要进行安装。在 Red Hat Enterprise Linux 6 安装盘中带有 FTP 服务器安装程序，用户也可以到网站 http://vsftpd.beasts.org 下载 FTP 服务器的最新版本安装软件包。

管理员将安装光盘放入光驱后，使用命令 *mount /dev/cdrom /media* 进行挂载，然后使用命令 *cd /media/Packages* 进入目录，使用命令 *ls | grep vsftpd* 找到安装包 vsftpd-2.0.5-10.el6.i386.rpm 安装包，如图 11-4 所示。

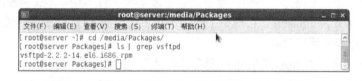

图 11-4　找到安装包

然后在"应用程序"|"附件"中选择"终端"命令窗口运行命令 *rpm –ivh vsftpd-2.2.2-14.el6.i686.rpm* 即可开始安装程序，如图 11-5 所示。

图 11-5　安装 FTP 服务

在安装完 vsftpd 服务后，可以利用以下的指令来查看安装后产生的文件，如图 11-6 所示。

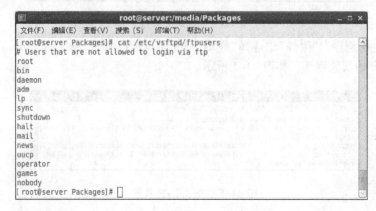

图 11-6　查看安装 FTP 后产生的文件

在上述的文件中，最重要的文件有三个：

第一个是/etc/vsftpd/vsftpd.conf，它是主配置文件。vsftpd 几乎提供了 FTP 服务器所应该具有的所有功能，为了实现这些功能，都是通过修改配置文件 vsftpd.conf 实现的。

第二个是/etc/vsftpd/ftpusers，它指定了哪些用户不能访问 FTP 服务器。通常是 Linux 操作系统的超级用户和系统用户。

可以使用命令 *cat /etc/vsftpd/ftpusers* 查看文件的默认内容，如图 11-7 所示。

图 11-7　文件 ftpusers 内容

第三个是 /etc/vsftpd/user_list，它指定的用户在 /etc/vsftpd/vsftpd.conf 中设置了 userlist_enable=YES，且 userlist_deny=YES 时不能访问 FTP 服务器。

在 /etc/vsftpd/vsftpd.conf 中设置了 userlist_enable=YES，且 userlist_deny=NO 时，仅仅允许 /etc/vsftpd.user_list 中指定的用户能访问 FTP 服务器。

2. 启动与关闭 FTP 服务器

FTP 的配置完成后，必须重新启动服务。可以有两种方法进行启动：

（1）利用命令启动 FTP 服务器

可以在"终端"命令窗口使用命令 *service vsftpd start* 来启动，使用命令 *service vsftpd stop* 来关闭，使用命令 *service vsftpd restart* 来重新启动 FTP 服务器，如图 11-8～图 11-10 所示。

图 11-8　启动 FTP 服务器

图 11-9　停止 FTP 服务器

图 11-10　重新启动 FTP 服务器

（2）利用图形化界面启动 FTP 服务器

用户也可以利用图形化桌面进行 FTP 服务器的启动与关闭。在图形界面下使用"服务"对话框进行 FTP 服务器的启动与运行。依次单击"系统"|"管理"|"服务"，出现如图 11-11 所示对话框，

选择"vsftpd"，利用"开始""停止"和"重启"按钮可以完成服务器的开始、停止以及重新启动。

图 11-11　启用 FTP 提示框

3. 查看 FTP 服务器状态

可以通过相应命令查看 FTP 服务器目前运行的状态，如图 11-12 所示。

图 11-12　查看 FTP 服务器状态

4. 设置开机时自动运行 FTP 服务器

FTP 服务器是非常重要的服务器，在开机时应该自动启动，以节省每次手动启动的时间，并且可以避免 FTP 服务器没有开启停止服务的情况。

在开机时自动开启 FTP 服务器，有以下几种方法：

（1）通过 ntsysv 命令设置 FTP 服务器自动启动

在"终端"中输入 *ntsysv* 命令后，出现如图 11-13 所示对话框，将光标移动到 vsftpd 选项，然后按【空格】键选择，最后使用【Tab】键将光标移动到"确定"按钮，并按【Enter】键完成设置。

图 11-13　以 ntsysv 设置 FTP 服务器自动启动

（2）以"服务配置"设置 FTP 服务器自动启动

依次单击"系统"｜"管理"｜"服务器设置"｜"服务"，选择"vsftpd"选项，然后再选择上方工具栏中的"文件"｜"保存"，即可完成设置。

（3）以 chkconfig 设置 FTP 服务器自动启动

在"终端"中输入命令 *chkconfig --level 5 vsftpd on*，如图 11-14 所示。

图 11-14　以 chkconfig 设置 FTP 服务器自动启动

以上的命令表示如果系统运行 Run Level 5 时，即系统启动图形界面的模式时，自动启动 FTP 服务器。也可以配合 --list 参数的使用，来显示每个 Level 是否自动运行 FTP 服务器。

11.3.2 配置匿名用户访问 FTP 服务器

匿名用户可以下载文件，但是不能上传文件，此任务是进行服务器配置后，使匿名用户能够上传和下载文件，并且能够创建目录。

1. 测试匿名账号下载功能

（1）在默认情况下，匿名服务器下载目录 /var/ftp/pub 中没有任何内容，管理员将网络中共享的一些图片和软件复制到此目录中，如图 11-15 所示，共享的文件有 data.txt 和 share.txt。

图 11-15　FTP 服务器下载文件

（2）使用 FTP 客户端连接到 FTP 服务器

在"运行"中输入 cmd，或者右击【Windows】图标⊞并选择"命令提示符"，出现命令窗口，输入 ftp 192.168.14.1 命令，出现如图 11-16 所示对话框。

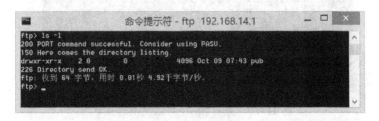

图 11-16　连接到 FTP 服务器

使用匿名账号 anonymous 或者 ftp 登录，密码可以输入 E-mail 地址，也可以不输入，出现 Login successful 成功登录提示。

（3）在 ftp> 提示符下，输入命令 ls –l 查看匿名 FTP 服务器目录，看到目录下有一个目录 pub，如图 11-17 所示。

图 11-17　显示匿名 FTP 服务器目录

（4）使用命令 cd pub 进入匿名 FTP 服务器目录，然后使用命令 ls –l 查看 pub 目录下的内容，查看结果如图 11-18 所示。

（5）使用命令 get data.txt 将文件下载到客户端本地目录，本地目录是 C:\U sers\acer，使

用命令 *!dir* 查看本地文件，在命令前加 "!" 号表示在客户端进行操作。结果如图 11-19 所示，可以看到文件 data.txt 显示在本地目录中。

图 11-18　显示 pub 目录内容

图 11-19　下载文件 data

　　在 ftp>提示符下可以执行很多操作，可以使用命令 *help* 或者?进行查看，如图 11-20 所示。

图 11-20　查看 ftp>下可以使用的命令

　　在 Windows 操作系统中，也可以使用图形化桌面进行查看，如图 11-21 所示。

　　（6）在 Windows 客户端，也可以利用 IE 浏览器进行连接，打开 IE 浏览器，在地址栏中输入 *ftp://192.168.14.1* 命令，出现如图 11-22 所示窗口。

图 11-21　查看下载文件 data.txt

图 11-22　使用 IE 浏览器进行 FTP 服务器连接

2. 实现匿名账号上传功能

（1）将本地目录中的文件 mark.txt 上传到 pub 目录中，执行命令 *put mark.txt*，如图 11-23 所示。

图 11-23　上传文件失败

从图 11-23 中可以看出，上传文件失败，这是因为 FTP 服务器默认情况下不允许匿名客户端向服务器传输文件。

（2）修改配置文件，使匿名客户可以上传文件。

使用命令 *vi /etc/vsftpd/vsftpd.conf* 打开配置文件，将以下两行前的"#"删除

```
#anon_upload_enable=YES
#anon_mkdir_write_enable=YES
```

第一行的作用是允许匿名用户上传，第二行的作用是开启匿名用户的写和创建目录的权限。若要使这两行设置生效，同时还要求：

```
anonymous_enable=YES
write_enable=YES
```

这两行命令默认情况下已经开启。

（3）使用命令 *service vsftpd restart* 重新启动 vsftpd 服务器。

（4）为了实现上传功能，还要保证系统中文件系统有写入权限，使用命令 *ll /var/ftp* 查看 pub 文件夹的权限，如图 11-24 所示。pub 的权限为 drwxr-xr-x，即其他用户没有写入权限。为其他用户增加写入权限，使用命令 *chmod o+w /var/ftp/pub*。

如果这些修改都已经完成，还是提示错误"553 Could not create file"，需要关闭 selinux，然后就可以执行了。关闭 selinux 的命令是[root@server ~]#*setenforce 0*，然后再执行该命令就可以了。

图 11-24 设置 ftp 属性

（5）重新测试匿名用户上传，重新连接到 FTP 服务器，执行 put 命令。首先使用命令 *cd pub* 进入 *pub* 目录，执行命令 put mark.txt，最后使用命令 *ls* 进行查看，如图 11-25 所示，已经成功将图片上传到 FTP 服务器中。创建目录也可以成功。

图 11-25 上传文件成功

11.3.3 配置本地用户访问 FTP 服务器

本地用户登录 FTP 服务器时，登录名为本地用户名，密码为本地用户的密码，本地用户可以离开自己的/home 目录切换至有权访问的其他目录，并在权限允许的情况下进行上传和下载。创建访问 FTP 服务器需要的本地用户 rose、mark 和 john，并设置密码，使用用户 rose 登录 FTP 服务器，实现上传和下载文件，然后将用户 rose 添加到文件 ftpusers 中，实现拒绝 rose 用户登录服务器，文件 ftpusers 中列举的用户名单相当于黑名单。最后使用用户 mark 登录，出现欢迎消息 "Welcome to FTP Server"。

1. 测试本地账户

（1）创建系统用户 rose、mark 和 john，并设置密码，如图 11-26 所示。

图 11-26 添加用户

（2）登录 FTP 服务器，使用新建立的用户名 rose 和密码。如图 11-27 所示，使用命令 *pwd* 显示账户工作目录是/home/rose。

（3）测试下载文件，首先使用命令 *ls* 查看目录中的内容，然后使用命令 *get 2.png* 下载文件到本地目录中，如图 11-28 所示。

图 11-27　使用账户 rose 登录 FTP 服务器

图 11-28　使用账户 rose 下载文件

（4）测试上传文件，首先使用命令 *!dir* 查看目录中的内容，或者新建一个文件 rose.txt，然后使用命令 *put rose.txt* 将本地目录中的 rose.txt 上传到 FTP 服务器的/home/rose 中，文件名仍然为 rose.txt，如图 11-29 所示。

图 11-29　使用账户 rose 上传文件

2. 拒绝用户 rose 访问 FTP 服务器

使用 *vi /etc/vsftpd/ftpusers* 打开该文件，将用户 rose 写在文件的末尾，如图 11-30 所示。

图 11-30　添加 rose 用户

使用同样方法用 rose 进行登录服务，出现"登录失败"提示，如图 11-31 所示。

图 11-31　登录失败提示

使用账号 mark 和 john 进行登录，能成功登录，说明只限制了用户 rose 登录到 FTP 服务器上。

3. 设置本地用户登录 FTP 服务器后出现提示信息。

（1）当本地用户 mark 登录服务器后，出现"Welcome to FTP Server"信息。进入 mark 用户的主目录。并创建目录 welcome，修改目录 welcome 的属主和属组都为 mark，如图 11-32 所示。

图 11-32　准备登录目录

（2）使用 *echo* 命令写入欢迎信息，如图 11-33 所示。

图 11-33　写入欢迎信息

（3）在客户端进行登录测试。使用用户 mark 登录，出现提示信息"230-Welcome to FTP Server"。

11.3.4　将所有的本地用户都锁定在宿主目录中

vsftpd 服务默认允许本地用户登录系统后，可以切换到其他系统目录，包括根目录等系统目录，这样存在安全隐患。为了系统安全，此任务实现当本地用户登录时，不能切换到系统中其他目录，只能在宿主目录"/home/用户名"目录中。先使用用户 mark 登录到 FTP 服务器上，进行目录切换，可以发现该用户能切换到任意目录，然后进行设置，修改配置文件，实现本地用户只能访问自己的家目录，无法切换到其他目录，提高系统的安全性

（1）先使用本地用户 mark 登录 FTP 服务器，验证用户可以切换到其他系统目录，如图 11-34 所示。用户登录时进入的用户的主目录/home/mark，可以成功切换到根目录。

图 11-34　用户可以切换目录

（2）修改配置文件 vi /etc/vsftpd/vsftpd.conf，在#chroot_list_enable 语句上方增加一条语句 *chroot_local_user=YES*。重启 vsftpd 服务。

（3）重新使用 mark 用户登录，执行切换目录后，使用 *ls* 查看当前目录文件，看到了 welcome 目录，说明用户还在主目录中，无法切换到系统其他目录，即锁定在主目录 /home/mark 中，增强了系统安全性，如图 11-35 所示。

图 11-35　用户锁定在主目录中

11.3.5　设置只有特定用户才可以访问 FTP 服务器

FTP 服务器默认允许所有本地用户访问，这样安全性不高，为了提高 FTP 服务器安全性，可以禁止所有用户访问，然后允许特定的用户访问，即设置白名单。此任务实现只有特定用户才能访问 FTP 服务器。实现现特定用户访问 FTP 服务器，需要修改文件 user_list，在此任务中，只有用户 rose 和 mark 可以访问服务器，而其他用户如 john 等都不可以访问 FTP 服务器。

（1）在 11.4.3 中，已经将 rose 用户设置拒绝登录到 FTP 服务器，要将此设置还原，即修改配置文件/etc/vsftpd/ftpusers，将 rose 从该文件中删除，允许 rose 登录到服务器上。

（2）编辑配置文件 vsftpd.conf，userlist_enable=YES 选项默认开启，再增加一行内容 *userlist_deny=no*，即表示在用户列表中的用户允许访问 FTP 服务器，其他用户不允许访问。

（3）编辑配置文件/etc/vsftpd/user_list，将用户 rose 和 mark 添加在末尾，如图 11-36 所示。

该文件中还有很多其他用户，是不是也可以登录到 FTP 服务器中呢？是不可以登录的，因为这些用户也存在于文件 ftpusers 中，是拒绝登录到 FTP 服务器中的。

（4）重启服务后，使用 mark 和 rose 能成功登录，但是使用用户 john 登录时，失败，如图 11-37 所示。

图 11-36 将用户添加到 user_list 文件中

图 11-37 john 用户登录失败

11.4 项目总结

本项目学习了 FTP 服务器的建立与管理，FTP 服务器主要通过 vsftpd 软件进行配置，要求掌握服务器安装，配置匿名用户访问 FTP 服务器，配置本地用户访问 FTP 服务器，将所有的本地用户锁定在宿主目录中，设置只有特定用户才可以访问 FTP 服务器，这些任务的完成需要配置的配置文件包括 vsftpd.conf、ftpusers 和 user_list，要求熟练掌握。

11.5 项目实训

1. 实训目的

（1）掌握 FTP 服务器的基本知识。

（2）能够配置 FTP 服务器。

（3）能够进行客户端进行验证。

2. 实训环境

（1）Linux 服务器。

（2）Windows 客户机。

（3）查看网卡的 IP 地址是否设置正确，检测 Linux 服务器和 Windows 客户机是否连通，查看 vsftpd 服务程序是否安装，查看防火墙是否允许 FTP 服务。

3. 实训内容

（1）规划 FTP 服务器资源和访问资源的用户权限，并画出网络拓扑图。

（2）配置 FTP 服务器。

① 启动 FTP 服务。

② 实现匿名用户上传文件。

③ 创建本地用户，实现上传和下载。

④ 将用户锁定在自己的主目录中。

⑤ 拒绝某些本地用户访问 FTP 服务器。

（3）在客户端进行上传和下载。

在客户端分别使用浏览器和命令方式访问 FTP 服务器。

（4）设置 FTP 服务器自动运行。

4. 实训要求

实训分组进行，可以 2 人一组，小组讨论，确定方案后进行讲解；教师给予指导，全体学生参与评价。方案实施过程中，一台计算机作为 FTP 服务器，另一台计算机作为客户机，要轮流进行角色转换。

5. 实训总结

完成实训报告，总结项目实施中出现的问题。

11.6 项 目 练 习

一、选择题

1. 客户机从 FTP 服务器下载文件使用（　　）命令。

    A. put　　　　　　B. get　　　　　　C. mput　　　　　　D. mget

2. 将用户加入以下（　　）文件中可能会阻止用户访问 FTP 服务器。

    A. ftpusers　　　　B. user_list　　　　C. vsftpd.conf　　　D. dhcpd.conf

3. FTP 服务器的主配置文件是（　　）。

    A. smb.conf　　　B. vsftpd.conf　　　C. dhcpd.conf　　　D. httpd.conf

4. FTP 服务器采用的端口是（　　）。

    A. 53　　　　　　B. 80　　　　　　C. 21　　　　　　D. 69

5. FTP 服务器采用的协议是（　　）。

    A. http　　　　　B. ftp　　　　　　C. dns　　　　　　D. web

6. 向 FTP 服务器上传文件使用命令（　　）。

    A. put　　　　　　B. get　　　　　　C. mput　　　　　　D. mget

二、填空题

1. vsftpd 的用户主要分为三类：_____、_____和_____。

2. 启动 FTP 服务器使用命令_____。

3. FTP 服务就是_____，FTP 的英文全称是_____。

4. 匿名用户登录到 FTP 服务器上，默认的路径是_____。

5. 设置 FTP 服务开机自动运行的命令是_____。

→ 架设邮件服务器

电子邮件是 Internet 上应用很广泛的服务，通过电子邮件系统，用户可以用非常低廉的价格、以非常快速的方式，在几秒之内与世界各地的网络用户联系，只需要承担网费。这些电子邮件可以是文字、图像、声音等各种方式。很多企业经常使用免费电子邮件系统搭建公司的邮件服务器，使员工之间便利地进行通信。

12.1 项 目 描 述

某公司拓扑如图 12-1 所示。该公司以 Linux 网络操作系统为平台，建设公司邮件服务器站点，实现用户之间发送和接收邮件功能。邮件服务器的 IP 地址是 192.168.14.4，域名是 mail.lnjd.com。

邮件　　DNS　　Web　　DHCP　　客户机
服务器　服务器　服务器　服务器

图 12-1　公司局域网

公司的网络管理员为了完成该项目，需要首先进行项目分析，安装邮件服务器，安装 Postfix 相关软件和 Dovecot 软件。安装后，首先设置 DNS 服务器，设置邮件服务器的域名为 mail.lnjd.com，然后配置邮件服务器，利用 Postfix 相关软件和 Dovecot 软件构建邮件服务器，完成发送邮件和接收邮件功能。最后在客户端进行邮件发送和接收测试。

12.2 相 关 知 识

12.2.1 电子邮件系统概述

1. 电子邮件特点

电子邮件使用客户机/服务器工作模式。欲使用电子邮件的人员可到 ISP 网站注册申请邮箱，获得电子邮件账号（电子邮件地址）及密码，即可通过专用的邮件处理程序接、发电子邮件。邮件发送者将邮件发送到邮件接收者的 ISP 邮件服务器的邮箱中，接收者可在任何时刻查看或下载邮件。电子邮件可以在两个用户间交换，也可以向多个用户发送同一封邮件，或将收到的邮件转发给其他用户。电子邮件不仅包含文本信息，还可包含声音、图像、视频、应用程序等各类文件。

与其他通信方式相比，电子邮件具有以下特点：

（1）电子邮件比人工邮件传递迅速，可达到的范围广，而且比较可靠。

（2）电子邮件与电话系统相比，它不要求通信双方都在场，而且不需要知道通信对方在网络中的具体位置。

（3）电子邮件可以实现一对多的邮件传送，这样可以使一位用户向多人发出通知的过程变得容易。

（4）电子邮件可以将文字、图像、语音等多种类型的信息集成在一个邮件中传送，因此它是多媒体信息传送的重要手段。

2. 电子邮件系统的基本构成

一个电子邮件系统的组成如图 12-2 所示。

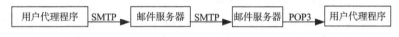

图 12-2　电子邮件系统结构

邮件的发送协议为 SMTP，即简单电子邮件发送协议。邮件下载协议为 POP，即邮局协议，目前经常使用的是第 3 个版本，称为 POP3 协议。用户通过 POP3 协议将邮件下载到本地 PC 进行处理，ISP 邮件服务器上的邮件会自动删除。IMAP 因特网报文存取协议，也是邮件下载协议，但它与 POP 协议不同，它支持在线对邮件的处理，邮件的检索与存储等操作不必先下载到本地。用户不发送删除命令，邮件一直保存在邮件服务器上。常用的收发电子邮件的软件 Windows 操作系统有 Exchange、Outlook Express、Foxmail 等，Linux 操作系统有 Postfix、Sendmail 等，这些软件提供邮件的接收、编辑、发送及管理功能。

3. 电子邮件的组成

电子邮件由信封（envelope）和内容（content）两部分组成。电子邮件的传输程序根据邮件信封上的信息来传送邮件。用户在从自己的邮箱中读取邮件时才能见到邮件的内容。在邮件的信封上，最重要的就是收信人的地址。

4. 电子邮件地址的格式

传统的邮政系统要求发信人在信封上写清楚收信人的姓名和地址，这样，邮递员才能投递信件。互联网上的电子邮件系统也要求用户有一个电子邮件地址。TCP/IP 体系的电子邮件系统规定电子邮件地址的格式如下：

收信人邮箱名@邮箱所在主机的域名

符号"@"读作"at"，表示"在"的意思。

例如，电子邮件地址 cpl@sina.com，cpl 这个用户名在该域名的范围内是唯一的，邮箱所在的主机的域名 sina.com 在全世界必须是唯一的。

5. 工作过程

（1）用户通过用户代理程序撰写、编辑邮件。在发送栏填入收件人的邮件地址。邮件地址格式为"信箱名@邮件服务器域名"。

（2）撰写完邮件后，单击"发送"按钮，准备将邮件通过 SMTP 协议传送到发送邮件服务器。

（3）发送邮件服务器将邮件放入邮件发送缓存队列中，等待发送。

（4）接收邮件服务器将收到的邮件保存到用户的邮箱中，等待收件人提取邮件。

（5）收件人在方便的时候，使用 POP3 协议从接收邮件服务器中提取电子邮件，通过用户代理程序进行阅览、保存及其他处理。

6. SMTP 协议

简单邮件传输协议 SMTP 是电子邮件系统中的一个重要协议，它负责将邮件从一个"邮局"传送给另一个"邮局"。SMTP 的最大特点是简单和直观，它不规定邮件的接收程序如何存储邮件，也不规定邮件发送程序多长时间发送一次邮件，它只规定发送程序和接收程序之间的命令和应答。

协议实现的过程，是双方信息交换的过程。SMTP 协议正是规定了进行通信的两个 SMTP 进程间是如何交换信息的。SMTP 使用 C/S 模式工作，因此发送方为客户端（Client 端），接收方为服务器端（Server 端）。

SMTP 规定了 14 条命令和 21 种响应信息。每条命令由 4 个字母组成，而响应信息一般由 1 个 3 位数字代码开始，后面附上简单的说明。

SMTP 协议的工作过程可分为如下三个过程。

（1）建立连接：在这一阶段，SMTP 客户请求与服务器的 25 端口建立一个 TCP 连接。一旦连接建立，SMTP 服务器和客户就开始相互通告自己的域名，同时确认对方的域名。

（2）邮件传送：利用命令，SMTP 客户将邮件的源地址、目的地址和邮件的具体内容传递给 SMTP 服务器，SMTP 服务器进行相应的响应并接收邮件。

（3）连接释放：SMTP 客户发出退出命令，服务器在处理命令后进行响应，随后关闭 TCP 连接。

SMTP 具有以下缺点：

（1）SMTP 不能传送可执行文件或其他的二进制对象。

（2）SMTP 限于传送 7 位的 ASCII。许多其他非英语国家的文字（如中文、俄文，甚至带重音符号的法文或德文）都无法传送。

（3）SMTP 服务器会拒绝超过一定长度的邮件。

某些 SMTP 的实现并没有完全按照 SMTP 标准。

7. POP3 协议

当邮件到来后，首先存储在邮件服务器的电子邮箱中。如果用户希望查看和管理这些邮件，则可以通过 POP3 协议将邮件下载到用户所在的主机。邮局协议 POP 是一个非常简单、但功能有限的邮件读取协议，现在使用的是它的第 3 个版本 POP3。POP 也使用客户服务器的工作方式。在接收邮件的用户 PC 中必须运行 POP 客户程序，而在用户所连接的 ISP 的邮件服务器中则运行 POP 服务器程序。

12.2.2 Postfix 服务器的主配置文件 main.cf 介绍

/etc/postfix/main.cf 是 Postfix 服务器的主配置文件，基本上所有的配置都需要在此配置文件上进行修改，如域名、主机名、本地网络、启动接口和虚拟域名的配置等。默认情况下，该配置文件的主要配置参数如下：

（1）queue_directory = /var/spool/postfix

设定邮件队列的路径。

（2）command_directory = /usr/sbin

设定 Postfix 相关命令的工作目录。

（3）daemon_directory = /usr/libexec/postfix

设定 Postfix 相关的守护程序的路径。

（4）data_directory = /var/lib/postfix

设定 Postfix 可擦写数据的存放位置。

（5）mail_owner = postfix

设定邮件队列的所有者。

（6）default_privs = nobody

设定本地发件代理的默认权限。

（7）myhostname = host.domain.tld

设定主机名称，需要使用完全主机名称。

（8）mydomain = domain.tld

设定本地域名。如果不做设定，则该参数的值等于 myhostname 参数值减去主机名称。

（9）myorigin = $myhostname

设定邮件头中的 Mail from 的值。

（10）inet_interfaces = localhost

设定监听地址。如果设定为 localhost，那么 Postfix 监听 127.0.0.1，如果需要 Postfix 监听所有的地址，那么可以将值 localhost 修改为 all。

（11）inet_protocols = all

设定 Postfix 支持 IPv4 和 IPv6。

（12）proxy_interfaces = 1.2.3.4

设定需要监听的邮件代理服务器地址。

（13）mydestination = $myhostname, localhost.$mydomain, localhost

设定本机可用于收信的主机名称。

（14）unknown_local_recipient_reject_code = 550

如果收件人不存在于邮件系统中，那么返回 550 错误代码。

（15）mynetworks_style = host

设定可信任的主机范围。参数可以为 class、subnet 和 host。class 表示与本机同网段的所有主机，subnet 表示与本机相同子网的所有主机，host 表示仅信任本机。由于该参数值会被 mynetworks 的参数值覆盖，所以 mynetworks_style 可以不作设定。

（16）mynetworks = 168.100.189.0/28,127.0.0.0/8

设定可信任的 IP 范围。

（17）relay_domains = $mydestination

设定可信任域，在该信任域中的主机可以通过本机 postfix 转发邮件。

（18）relayhost = $mydomain

设定邮件转发主机，本机将通过该转发主机中转邮件。

（19）alias_maps = hash:/etc/aliases

　　　alias_database = hash:/etc/aliases

架设邮件服务器

设定邮件别名。邮件别名功能可实现邮件转递和分发。

（20）recipient_delimiter = +

设定邮件分隔符。

（21）home_mailbox = Mailbox

设定用户邮件的存储路径，该路径与用户主目录有关。

（22）mail_spool_directory = /var/mail

制定邮件队列的存储目录。

（23）mailbox_command = /some/where/procmail

使用指定的外部命令来寄送邮件。

（24）smtpd_banner = $myhostname ESMTP $mail_name

显示 SMTP 相关信息。

（25）default_destination_concurrency_limit = 20

设定同一封信可以发送给多少个收件人。

（26）debug_peer_level = 2

设定日志级别增量。

（27）debugger_command =

    PATH=/bin:/usr/bin:/usr/local/bin:/usr/X11R6/bin

    ddd $daemon_directory/$process_name $process_id & sleep 5

指定调试器。

（28）mailq_path = /usr/bin/mailq.postfix

指定 Postfix mailq 命令的路径，该命令兼容于 Sendmail。

（29）setgid_group = postdrop

设定邮件提交和队列管理的所属组。

（30）html_directory = no

指定 Postfix 的 HTML 文档路径。

（31）manpage_directory = /usr/share/man

指定 MAN 文档路径。

（32）sample_directory = /usr/share/doc/postfix-2.6.6/samples

指定样例文件路径。

12.3　项目实施

12.3.1　安装邮件服务器

现在常用的邮件服务器有很多，在 Windows 平台下，常用 Exchange、Mdaemon 等软件搭建 SMTP、POP3 服务的邮件服务器。在 Linux 平台下，常用邮件服务器软件有 Postfix、Sendmail、Dovecot 等。Sendmail 软件是一款成熟度较高、应用广泛的邮件程序，它主要运行于 RHEL 5 以前版本默认的邮件程序；Postfix 与 Sendmail 兼容，可以作为 Sendmail 的替代产品，它采用模块化设计，比 Sendmail 运行速度更快、安全性更高，是 RHEL 6 系统默认安装的邮件程序。安装了 Postfix 软件，提供 SMTP 服务，用户就可以登录到服务器上读信或写信，而且信件也保留在该服务器上，即发送邮件服务器功能；如果需要将电子邮件从服务器上下载到本地计

算机进行阅读或保存，还必须安装 POP 或 IMAP 服务器软件，经常使用 Dovecot 提供 POP3
服务，搭建接收邮件服务器。

在安装操作系统过程中，可以选择是否安装邮件服务器，如果不确定是否安装了邮件服务，使用命令进行查询。安装时使用 rpm 命令，需要先挂载光盘。安装完成后，查询安装的文件，并且启动邮件服务器，设置邮件服务器在下次系统登录时自动运行。

1. 安装 Postfix 件

在安装 Red Hat Enterprise Linux 6 时，会提示用户是否安装邮件服务器。用户可以选择在安装系统时完成邮件软件包的安装。如果不能确定邮件服务器是否已经安装，可以采取在"终端"中输入命令 *rpm –qa | grep postfix* 进行验证。如果如图 12-3 所示，说明系统已经安装邮件服务器。

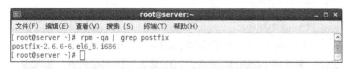

图 12-3　检测是否安装邮件服务

如果安装系统时没有选择 Postfix 服务器，需要进行安装。

管理员将安装光盘放入光驱后，使用命令 *mount /dev/cdrom /media* 进行挂载，然后使用命令 *cd /media/Packages* 进入目录，使用命令 *ls | grep postfix* 找到安装包 postfix-2.6.6–6.el6_
5.i686.rpm 安装包，如图 12-4 所示。

图 12-4　找到安装包

然后 "终端"命令窗口运行命令 *rpm –ivh　postfix-2.6.6-6.el6_5.i686.rpm* 即可开始安装程序。

在安装完邮件服务器后，可以利用相应命令来查看安装后产生的文件，如图 12-5 所示。

在上述的文件中，最重要的文件有以下几个：

/etc/postfix/mail.cf：Postfix 的主配置文件。

/etc/postfix/master.cf：Postfix 的控制配置文件。

/etc/postfix/ access：Postfix 访问控制文件，其数据库文件是 access.db。

/etc/aliases：用于定义 Postfix 邮箱别名，其数据库文件是 access.db。

/etc/mail/virtual：虚拟域名配置文件。

2. 启动与关闭邮件服务器

Postfix 的配置完成后，必须重新启动服务。可以有两种方法进行启动：

（1）利用命令启动 Postfix 服务器

可以在"终端"命令窗口使用命令 *service postfix start* 来启动，使用命令 *service postfix stop* 来关闭，使用命令 *service postfix restart* 来重新启动 Postfix 服务器，如图 12-6～图 12-8 所示。

图 12-5　查看安装 postfix 后产生的文件

图 12-6　启动 Postfix 服务器

图 12-7　停止 Postfix 服务器

图 12-8　重新启动 postfix 服务器

（2）利用图形化界面启动 Postfix 服务器

用户也可以利用图形化桌面进行 Postfix 服务器的启动与关闭。在图形界面下使用"服务"对话框进行 Postfix 服务器的启动与运行。依次单击"系统"|"管理"|"服务"，出现如图 12-9 所示对话框，选择"postfix"，利用"开始""停止"和"重启"按钮可以完成服务器的开始、停止以及重新启动。

图 12-9　服务配置对话框

3. 查看 Postfix 服务器状态

可以通过相应命令查看 Postfix 服务器目前运行的状态，如图 12-10 所示。

图 12-10　查看 Postfix 服务器状态

4. 设置开机时自动运行 Postfix 服务器

Postfix 服务器是非常重要的服务器，在开机时应该自动启动，以节省每次手动启动的时间，并且可以避免邮件服务器没有开启停止服务的情况。

在开机时自动开启 Postfix 服务器，有以下几种方法：

（1）通过 ntsysv 命令设置 Postfix 服务器自动启动

在"终端"中输入 *ntsysv* 命令后，出现如图 12-11 所示对话框，将光标移动到"postfix"选项，然后按【空格】键选择，最后使用【Tab】键将光标移动到"确定"按钮，并按【Enter】键完成设置。

图 12-11　以 ntsysv 设置 Postfix 服务器自动启动

（2）以"服务配置"设置邮件服务器自动启动

依次单击"系统"|"管理"|"服务器设置"|"服务"，选择"Postfix"选项，然后再选择上方工具栏中的"文件"|"保存"，即可完成设置。

（3）以 chkconfig 设置 Postfix 服务器自动启动

在"终端"中输入命令 chkconfig --level 5 postfix on，如图 12-12 所示。

图 12-12　以"chkconfig"设置 Postfix 服务器自动启动

以上的命令表示如果系统运行 Run Level 5 时，即系统启动图形界面的模式时，自动启动 Postfix 服务器。也可以配合--list 参数的使用，来显示每个 Level 是否自动运行邮件服务器。

12.3.2 配置邮件服务器

邮件服务器是企业中最常使用的一种服务，利用此服务，员工可以方便地进行通信和传输数据。此项目先配置 DNS 服务器，然后配置 SMTP，即邮件发送服务器，主要配置主配置文件 /etc/postfix/main.cf 文件；然后配置 POP3 协议来连接邮件服务器，使用 Dovecot 软件来架设 POP 邮件服务器。

1. 配置 DNS 服务器

为了在网络中正确定位邮件服务器的位置，首先为 lnjd.com 区域设置邮件转发器，即 MX 资源记录。

按照 9.4.2 节的方式设置全局配置文件和主配置文件，在主配置文件 named.zone 中设定正向解析区域文件为 lnjd.com.zone，该正向解析区域文件内容如图 12-13 所示。

```
$TTL 1D
@  IN  SOA  dns.lnjd.com. (
       0 ; serial
       1D ; refresh
       1H; retry
       1W; expire
       3H ); minimum
       )
     NS  @
      A  127.0.0.1
      AAAA  ::1
     MX 10  mail.lnjd.com.
dns  IN A  192.168.14.3
mail IN A  192.168. 14.4
```

图 12-13　正向解析区域文件

设置邮件服务器地址为 192.168.14.4，域名为 mail.lnjd.com，邮件转发器 MX 的优先级为 10。保存后使用命令 *service named restart* 重启 DNS 服务，使用命令 *nslookup* 进行域名验证，如图 12-14 所示。

图 12-14　验证邮件服务器域名

2. 配置主配置文件 Postfix

（1）使用命令 *cd /etc/postfix* 目录，使用命令 *vi main.cf* 打来配置文件，该文件内容非常庞大，按照任务要求，管理员只修改如下内容：

75 行修改为 *myhostname = mail.lnjd.com*，将主机名称修改为 mail.lnjd.com。

83 行修改为 *mydomain = lnjd.com*，指定域名是 lnjd.com。

98 行修改为 *myorigin = $myhostname*，将该行之前的"#"去掉，设置本机寄出邮件的主机名或域名。

116 行修改为 *inet_interfaces = all*，将监听的接口由本机修改为所有端口。

119 行修改为 *inet_protocols = all*，将该行之前的"#"去掉，允许 IPv4 和 IPv6。

164 行修改为 *mydestination = $myhostname, localhost.$mydomain, localhost,$mydomain*，增加 *$mydomain*，设置可接收邮件的主机名或域名，其他主机名和域名的邮件将拒绝转发。

264 行修改为 *mynetworks = 192.168.14.0/24*，设置来自子网 192.168.14.0 的邮件进行转发，其他子网邮件将拒绝转发。

296 行修改为 *relay_domains = $mydestination*，将该行之前的"#"去掉，设置可转发来自哪些主机名或域名的邮件。

418 行修改为 *home_mailbox = Mailbox*，将该行之前的"#"去掉，设置邮件存储位置和格式。

（2）使用命令 *postfix check* 对配置文件进行检查，如果没有语法错误直接出提示符，如图 12-15 所示。

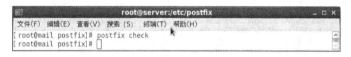

图 12-15　检查配置文件

（3）使用命令 *service postfix restart* 重新启动服务器，如图 12-16 所示。

图 12-16　重启 Postfix 服务器

（4）使用命令 *useradd* 创建两个账号 mail1 和 mail2，进行邮件发送和接收，如图 12-17 所示。

图 12-17　创建邮件账户

3. 配置 Dovecot POP3 服务

Postfix 只能实现 SMTP 服务，也就是邮件的发送服务，如果客户端使用 Outlook 或 Foxmail 接收邮件，必须使用 POP3 协议来接收邮件服务器。所以，在服务器上还需要安装并启用支持 POP3 协议的服务器软件。

Dovecot 是一个开源的 IMAP4 和 POP3 邮件服务器，支持 Linux/UNIX 系统。Dovecot 所支持的 POP3 和 IMAP4 协议能够使客户端从服务器接收邮件。

（1）安装 Dovecot 服务。使用命令 *rpm -ivh   dovecot-2.0.9-19.el6.i686.rpm* 安装软件，如图 12-18 所示。

图 12-8　安装 dovecot 软件

（2）使用命令 *vi /etc/ dovecot/dovecot.conf* 打开配置文件，修改如下内容：

将 20 行#protocols = imap imaps pop3 pop3s 前的注释符号去掉，支持 IMAP4 和 POP3 等协议。

将 26 行修改为 *listen = **，设置监听本地所有网络接口。

将 38 行修改为 *login_trusted_networks = 192.168.14.0/24*，设置允许登录的网段地址，如图 12-19 所示。

图 12-19　修改配置文件 dovecot.conf

（3）使用命令 *vi /etc/dovecot/conf.d/10-mail.conf* 打开配置文件，将 mail_location = maildir:~/Maildir 前的 "#" 号去掉，指定邮件存储格式和路径，如图 12-20 所示。

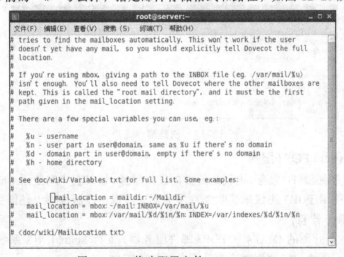

图 12-20　修改配置文件 *10-mail.conf*

（4）使用命令 *service dovecot start* 启动服务器，如图 12-21 所示。

图 12-21　启动 dovecot 服务器

（5）使用命令 *netstat -an | grep 110* 和 *netstat -an | grep 143* 测试是否开启 POP3 的 110 端口和 IMAP4 的 143 端口，如图 12-22 和图 12-23 所示，显示 110 和 143 端口已经开启，表示 POP3 服务和 IMAP4 服务已经可以正常工作。

图 12-22　查看开启 POP3 服务

图 12-23　查看开启 IMAP 服务

（6）利用 Windows 客户端进行邮件收发测试，使用用户 mail1@lnjd.com 和用户 mail2@lnjd.com 互相发送邮件，发送成功则说明邮件服务器架设成功。

12.4　项 目 总 结

本项目学习了邮件服务器的建立与管理，邮件服务器主要通过 Postfix 软件架设 SMTP 邮件服务器发送邮件，利用 Dovecot 软件架设 POP3 服务器接收邮件。

12.5　项 目 实 训

1. 实训目的
（1）掌握邮件服务器的基本知识。
（2）能够配置邮件服务器。
（3）能够进行客户端进行验证。

2. 实训环境
（1）Linux 服务器。
（2）Linux 客户机。
（3）查看网卡的 IP 地址是否设置正确，检测 Linux 服务器和 Linux 客户机是否连通，查看 Postfix 服务程序是否安装，查看防火墙是否允许 Postfix 服务。

3．实训内容

（1）规划 Postfix 服务器资源和访问资源的用户权限，并画出网络拓扑图。

（2）配置 Postfix 服务器。

① 启动 Postfix 服务。

② 配置 Dovecot 服务器。

③ 启动 Dovecot。

（3）设置 Postfix 服务器自动运行。

4．实训要求

实训分组进行，可以 2 人一组，小组讨论，确定方案后进行讲解；教师给予指导，全体学生参与评价。方案实施过程中，一台计算机作为 Linux 服务器，另一台计算机作为客户机，要轮流进行角色转换。

5．实训总结

完成实训报告，总结项目实施中出现的问题。

12.6　项目练习

一、选择题

1．客户机从邮件服务器下载文件使用（　　　）协议。

   A．SMTP　　　　　　B．POP3　　　　　　C．MIME　　　　　　D．HTTP

2．安装 Dovecot 服务器后，若要启动该服务，正确的命令是（　　　）。

   A．sevice dovecot start　　　　　　B．sevice dovecot stop

   C．sevice postfix start　　　　　　D．sevice postfix stop

3．Postfix 服务器的主配置文件是（　　　）。

   A．mail.cf　　　　B．mail.mc　　　　C．access　　　　D．local-host-name

4．SMTP 协议采用的端口是（　　　）。

   A．143　　　　　　B．110　　　　　　C．21　　　　　　D．25

5．POP3 协议所使用的端口是（　　　）。

   A．25　　　　　　B．80　　　　　　C．110　　　　　　D．143

二、填空题

1．配置邮件服务器，需要安装的软件包主要有_____、_____、_____、和_____。

2．启动 Postfix 服务器使用命令_____。

3．SMTP 工作在 TCP 协议上默认端口是_____，POP3 工作在 TCP 协议上默认端口是_____。

4．常用的与电子邮件相关的协议是_____、_____和_____。

5．设置 Postfix 服务开机自动运行的命令是_____。

项目⑬

→ 架设防火墙

防火墙是一种非常重要的网络安全工具，利用防火墙可以保护企业内部网络免受外网的威胁，作为网络管理员，掌握防火墙的安装和配置非常重要。

13.1　项 目 描 述

某公司网络管理员要以 Linux 网络操作系统为平台，配置包过滤防火墙，保护公司的服务器，公司服务器的 IP 地址是 192.168.14.2，公司网络拓扑如图 13-1 所示。

| DNS 服务器 | FTP 服务器 | 邮件 服务器 | DHCP 服务器 | 客户机 |

图 13-1　公司局域网

公司的网络管理员为了完成该项目，需要首先安装 Iptables 服务器软件，然后利用 iptables 命令编写规则，先禁止所有的数据包通过服务器，再依次编写规则放行允许的数据包，分别允许 SSH 服务、允许 Web 服务、允许 DNS 服务，保障服务器的安全，最近在客户端使用远程登录协议 SSH 和 Telnet 进行验证，检验规则是否生效。

13.2　相 关 知 识

13.2.1　防火墙概述

防火墙是指隔离在本地网络与外界网络之间的一道防御系统，是此类防范措施的总称。防火墙的工作原理如图 13-2 所示。

图 13-2 防火墙工作原理

从图 13-2 中可以看出，防火墙主要功能是过滤两个网络的数据包，一般保护的是局域网，一般公司局域网都通过拨号或专线接入互联网，局域网内部使用私有地址，为了保护公司局域网免遭互联网攻击者的入侵，需要在局域网和互联网的接入点上放置防火墙。

防火墙可以使用硬件来实现，也可以使用软件来实现。本任务采用 Linux 内核即软件来实现防火墙技术。

防火墙通常具备以下几个特点：

（1）位置权威性。网络规划中，防火墙必须位于网络的主干线路。只有当防火墙是内、外部网络之间通信的唯一通道时，才可以全面、有效地保护企业内部的网络安全。

（2）检测合法性。防火墙最基本的功能是确保网络流量的合法性，只有满足防火墙策略的数据包才能够进行相应转发。

（3）检测合法性。防火墙处于网络边缘，它是连接网络的唯一通道，时刻都会经受网络入侵的考验，所以其稳定性对于网络安全而言至关重要。

13.2.2　防火墙的种类

防火墙的分类方法多种多样，从传统意义上讲，防火墙大致可以分为三大类，分别是"包过滤""应用代理"和"状态检测"，无论防火墙的功能多么强大，性能多么完善，归根结底都是在这三种技术的基础之上进行功能扩展的。

1. 包过滤防火墙

包过滤是最早使用的一种防火墙技术，它检查每一个接收的数据包，查看其中可用的基本信息，如源地址和目的地址、端口号、协议等。然后，将这些信息与设立的规则相比较，符合规则的数据包通过，不符合规则的数据包将被拒绝和丢弃。

现在防火墙所使用的包过滤技术基本上都属于"动态包过滤"技术。其前身是"静态包过滤"技术，也是包过滤防火墙的第一代模型，虽然适当地调整和设置过滤规格可以使防火墙工作的更加安全有效，但是这种技术只能根据预计的过滤规格进行判断，显得有些笨拙。后来人们对包过滤技术进行了改进，并把这种改进后的技术称为"动态包过滤"。在保持"静态包过滤"技术所有优点的基础上，动态包过滤功能还会对已经成功与计算机连接的报文传输进行跟踪，并且判断该连接所发送的数据包是否会对系统进行构成威胁，从而有效地组织有害的数据继续传输。虽然与静态包过滤技术相比，动态包过滤技术需要消耗更多的系统资源和时间来完成包过滤工作，但是目前市场上几乎已经见不到静态包过滤技术的防火墙了，能选择的大部分是动态包过滤技术的防火墙。

包过滤防火墙根据建立的一套规则，检查每一个通过的网络包，或者丢弃，或者通过。它需要配置多个地址，表明它有两个或两个以上网络连接接口。例如，作为防火墙的设备可能有两块网卡（NIC），一块连到内部网络，另一块连到公共的 Internet。

2. 代理防火墙

随着网络技术的不断发展，包过滤防火墙的不足不断明显，人们发现一些特殊的报文攻击可以轻松突破包过滤防火墙的保护，例如，SYN 攻击、ICMP 洪水等。因此，人们需要一种更为安全的防火墙保护技术，在这种需求下，"应用代理"技术防火墙诞生了。一时间，以代理服务器作为专门为用户保密或者突破访问限制的数据转发通道，在网络当中被广泛使用。

代理防火墙接受来自内部网络用户的通信请求，然后建立与外部网络服务器单独的连接，其采用的是一种代理机制，可以为每个应用服务建立一个专门的代理，所以内外部网络之间的通信不是直接的，而都需先经过代理服务器审核，通过审核后再由代理服务器代为连接，内外部网络主机没有任何直接会话的机会，从而加强了网络的安全性。应用代理技术并不是单纯的，在代理设备中嵌入包过滤技术，而是一种称为"应用协议分析"的新技术。

"应用协议分析"技术工作在 OSI 模型的最高层即应用层上，也就是说防火墙所接触到的所有数据形式和用户所看到的是一样的，而不是带着 IP 地址和端口号等的数据形式。对于应用层的数据过滤要比包过滤更为烦琐和严格。它可以更有效地检查数据是否存在危害。而且，由于"应用代理"防火墙是工作在应用层，防火墙还可以实现双向限制，在过滤外部网络有害数据的同时监控内部网络的数据，管理员可以配置防火墙实现一个身份验证和连接现实功能，进一步防止内部网络信息泄露所带来的隐患。

代理防火墙通常支持的一些常见的应用服务有 HTTP、HTTPS/SSL、SMTP、POP3、IMAP、NNTP、TELNET、FTP、IRC。

虽然"应用代理"技术比包过滤技术更加完善，但是"应用代理"防火墙也存在问题，当用户对网速要求较高时，代理防火墙就会成为网络出口的瓶颈。防火墙需要为不同的网络服务建立专门的代理服务，而代理程序为内、外部网络建立连接时需要时间，所以会增加网络延时，但对于性能可靠的防火墙可以忽略该影响。

3. 状态检测技术

状态检测技术是继"包过滤"和"应用代理"技术之后发展的防火墙技术，它是基于"动态包过滤"技术之上发展而来的新技术。这种防火墙加入了一种被称为"状态检测"的模块，它会在不影响网络正常工作的情况下，采用抽取相关数据的方法对网络通信的各个层进行监测，并根据各种过滤规则做出安全决策。

"状态检测"技术保留了"包过滤"技术中对数据包的头部、协议、地址、端口等信息进行分析的功能，并进一步发展"会话过滤"功能，在每个连接建立时，防火墙会为这个链接构造一个会话状态，里面包含了这个连接数据包的所有信息，以后这个连接都基于这个状态信息进行。这种检测方法的优点是能对每个数据包的内容进行监控，一旦建立了一个会话状态，则此后的数据传输都要以这个会话状态作为依据。例如，一个连接的数据包源端口号为 8080，那么在这以后的数据传输过程中防火墙都会审核这个包的源端口是不是 8080，如果不是就拦截这个数据包。而且，会话状态的保留是有时间限制的，在限制的范围内如果没有再进行数据传输，这个会话状态就会被丢弃。状态检测可以对包的内容进行分析，从而摆脱了传统防火墙仅局限于过滤包头信息的弱点，而且这个防火墙可以不必开放过多的端口，从而进一步杜绝了可能因开放过多端口而带来的安全隐患。

13.2.3　Linux 内核的 Netfilter 架构

从 1.1 内核开始，Linux 就具有了包过滤功能，管理员可以根据自己的需要定制其工具、行为和外观，无须昂贵的第三方工具。

虽然 Netfilter/iptables IP 信息包过滤系统被称为单个实体，但它实际上由两个组件 Netfilter 和 iptables 组成。

（1）内核空间。Netfilter 组件也称为内核空间，是内核的一部分，由一些"表"（table）组成，每个表由若干"链"（chains）组成，而每条链中可以有一条或数条规则（rule）。

（2）用户空间。iptables 组件是一种工具，也称为用户空间，它使插入、修改和移去信息包过滤表中的规则变得容易。

13.2.4　Netfilter 的工作原理

Netfilter 的工作过程是：

（1）用户使用 iptables 命令在用户空间设置过滤规则，这些规则存储在内核空间的信息包过滤表中，而在信息包过滤表中，规则被分组放在链中。这些规则具有目标，它们告诉内核对来自某些源地址、前往某些目的地或具有某些协议类型的信息包做些什么。如果某个信息包与规则匹配，就使用目标 ACCEPT 允许该包通过。还可以使用 DROP 或 REJECT 来阻塞并杀死信息包。

根据规则所处理的信息包的类型，可以将规则分组在以下三个链中：

① 处理入站信息包的规则被添加到 INPUT 链中。

② 处理出站信息包的规则被添加到 OUTPUT 链中。

③ 处理正在转发的信息包的规则被添加到 FORWARD 链中。

INPUT 链、OUTPUT 链和 FORWARD 链是系统默认的 filter 表中的三个默认主链。

（2）内核空间接管过滤工作。当规则建立并将链放在 filter 表之后，就可以进行真正的信息包过滤工作了，这时内核空间从用户空间接管工作。

Netfilter/iptables 系统对数据包进行过滤的流程如图 13-3 所示。

图 13-3　数据包过滤过程

包过滤工作要经过如下步骤：

（1）路由。当信息包到达防火墙时，内核先检查信息包的头信息，尤其是信息包的目的地，这个过程称为路由。

（2）根据情况将数据包送往包过滤表的不同的链。

① 如果信息包来源于外界并且数据包的目的地址是本机，而且防火墙是打开的，那么内核将它传递到内核空间信息包过滤表的 INPUT 链。

② 如果信息包来源于系统本机或系统所连接的内部网上的其他源，并且此信息包要前

往另一个外部系统，那么信息包将被传递到 OUTPUT 链。

③ 信息包来源于外部系统并前往外部系统的信息包被传递到 FORWARD 链。

（3）规则检查。将信息包的头信息与它所传递到的链中的每天规则进行比较，看它是否与某个规则完全匹配。

① 如果信息包与某条规则匹配，那么内核就对该信息包执行由该规则的目标指定的操作。如果目标为 ACCEPT，则允许该信息包通过，并将该包发给相应的本地进程处理；如果目标为 DROP 或 REJECT，则不允许该包通过，并将该包阻塞并杀死。

② 如果信息包与这条规则不匹配，那么它将与链中的下一条规则进行比较。

③ 最后，如果信息包与链中的任何规则都不匹配，那么内核将参考该链的策略来决定如何处理该信息包。理解的策略应该告诉内核 DROP 该信息包。

13.3 项 目 实 施

13.3.1 安装 Iptables 服务器

管理员要为公司配置包过滤防火墙，为公司服务器提供保护，需要安装 Iptables 服务器软件。在安装操作系统过程中，可以选择是否安装 Iptables 服务器，如果不确定是否安装了 Iptables 服务，使用命令进行查询。安装时使用 rpm 命令，需要先挂载光盘。安装完成后，查询安装的文件，并且启动 Iptables 服务器，设置 Iptables 服务器在下次系统登录时自动运行。

1. 安装 Iptables 软件

在安装 Red Hat Enterprise Linux 6 时，可以选择是否安装 Iptables 服务器。如果不能确定 Iptables 服务器是否已经安装，可以采取在"终端"中输入命令 *rpm –qa | grep iptables* 进行验证。如果如图 13-4 所示，说明系统已经安装 Iptables 服务器。

图 13-4　检测是否安装 Iptables 服务

如果安装系统时没有选择 Iptables 服务器，需要进行安装。在 Red Hat Enterprise Linux 6 安装盘中带有 Iptables 服务器安装程序。

管理员将安装光盘放入光驱后，使用命令 *mount /dev/cdrom /media* 进行挂载，然后使用命令 *cd /media/Packages* 进入目录，使用命令 *ls | grep iptables* 找到安装包 iptables–1.4.7–16.el6.i686.rpm 安装包，如图 13-5 所示。

然后在"应用程序" | "附件"中选择"终端"命令窗口，运行命令 *rpm –ivh iptables-1.4.7-16.el6.i386.rpm* 即可开始安装程序。

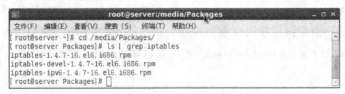

图 13-5　找到安装包

在安装完 Iptables 服务后，可以利用 *rpm –ql iptables* 的指令来查看安装后产生的文件，如图 13-6 所示。

图 13-6　查看安装 iptables 后产生的文件

防火墙安装完成后，可以使用图形化方式进行配置，打开"系统"|"管理"|"防火墙"，如图 13-7 所示，显示启用防火墙功能，并且只允许 SSH 服务。

图 13-7　防火墙图形化工具

系统管理员在安装系统时可以选择开启防火墙或者禁用防火墙功能，选择禁用防火墙功能时，并不是将防火墙组件从系统中移除，而是把所有链的默认规则配置为 ACCEPT，并删除所有规则，以允许所有通信。

2. 启动与关闭 Iptables 服务器

Iptables 的配置完成后，必须重新启动服务。可以有两种方法进行启动：

（1）利用命令启动 Iptables 服务器

可以在"终端"命令窗口使用命令 service iptables start 来启动，使用命令 service iptables stop 来关闭，使用命令 service iptables restart 来重新启动 Iptables 服务器，如图 13-8～图 13-10 所示。

图 13-8　启动 Iptables 服务器

图 13-9　停止 Iptables 服务器

图 13-10　重新启动 Iptables 服务器

（2）利用图形化界面启动 Iptables 服务器

用户也可以利用图形化桌面进行 Iptables 服务器的启动与关闭。在图形界面下使用"服务"对话框进行 Iptables 服务器的启动与运行。单击"系统"|"管理"|"服务"，出现如图 13-11 所示对话框，选择 iptables，利用"开始""停止"和"重启"可以完成服务器的开始、停止以及重新启动。

图 13-11　服务配置对话框

3. 查看 Iptables 服务器状态

可以利用以下的方法查看 Iptables 服务器目前运行的状态，如图 13-12 所示。

图 13-12　查看 Iptables 服务器状态

4. 设置开机时自动运行 Iptables 服务器

Iptables 服务器是非常重要的服务器，在开机时应该自动启动，以节省每次手动启动的时间，并且可以避免 Iptables 服务器没有开启停止服务的情况。

在开机时自动开启 Iptables 服务器，有以下几种方法：

（1）通过 ntsysv 命令设置 Iptables 服务器自动启动

在"终端"中输入 *ntsysv* 命令后，出现如图 13-13 所示对话框，将光标移动到 iptables 选项，然后按【空格】键选择，最后使用【Tab】键将光标移动到"确定"按钮，并按【Enter】键完成设置。

图 13-13　以 ntsysv 设置 Iptables 服务器自动启动

（2）以"服务配置"设置 Iptables 服务器自动启动

依次单击"系统"|"管理"|"服务器设置"|"服务"，选择 iptables 选项，然后再选择上方工具栏中的"文件"|"保存"，即可完成设置。

（3）以 chkconfig 设置 Iptables 服务器自动启动

在"终端"中输入命令 *chkconfig --level 5 iptables on*，如图 13-14 所示。

图 13-14　以 chkconfig 设置 Iptables 服务器自动启动

以上的命令表示如果系统运行 Run Level 5 时，即系统启动图形界面的模式时，自动启动 Iptables 服务器。也可以配合--list 参数的使用，来显示每个 Level 是否自动运行 Iptables 服务器。

13.3.2　配置 Iptables 服务器

管理员要为公司配置 Iptables 服务器，允许 SSH 服务、Web 服务、DNS 服务，禁止 FTP 服务。

1. 改变防火墙默认策略

为了保证 Web 服务安全，要关闭服务器上的所有端口。使用命令 *iptables –L – n* 查看服务器上的默认设置，有三条链，分别是 INPUT、OUTPUT 和 FORWARD，默认的 policy 值是 ACCEPT，如图 13–15 所示。

图 13–15　查看服务器默认包过滤设置

命令 iptables –L – n 的作用是列出防火墙上所有规则。参数 – L 的功能是列出表/链中的所有规则。包过滤防火墙只使用 filter 表，此表是默认的表，使用参数– L 就列出了 filter 表中的所有规则，但是使用这个命令时，iptables 将逆向解析 IP 地址，花费很多时间，造成显示信息速度慢，使用参数– n 可以显示数字化的地址和端口，解决了这个问题。

从图 13–15 中可以看到防火墙默认策略是允许所有的包通过，这对服务器来说是非常危险的。为了保证服务器安全，需要使用命令 *iptables –P* 将所有链的默认策略修改为禁止所有包通过，并且使用命令查看，发现 policy 值修改为 DROP，如图 13–16 所示。

图 13–16　修改防火墙规则为禁止所有包通过

命令 iptables –P 的功能是为永久链指定默认策略。

2. 设置服务器允许 SSH 协议通过，提供远程登录功能

（1）查看 SSH 协议使用端口

客户端远程登录到服务器时，使用的是 SSH 协议，SSH 协议使用的端口可以使用命令 *grep ssh /etc/services* 进行查看，如图 13–17 所示，可以看到 SSH 协议使用的端口是 22，传输层协议使用的是 TCP 协议。

（2）配置规则

使用命令 *iptables –A INPUT –p tcp –d 192.168.14.2 --dport 22 –j ACCEPT* 配置 INPUT 链，使用命令 *iptables –A OUTPUT –p tcp –s 192.168.14.2--sport 22 –j ACCEPT* 配置 OUTPUT 链，如图 13–18 所示。

客户端使用 22 端口远程访问服务器，访问请求通过 INPUT 链进入服务器，目的地址是本机地址 192.168.14.2，可以省略，目的端口是 22，当服务器的应答返回给客户端时，通过

OUPPUT 链出去，同样使用 22 端口，源地址是服务器，可以省略。

图 13-17　查看 SSH 协议使用的端口

图 13-18　配置允许 SSH 协议通过的规则

命令解释——iptables：

功能：设置包过滤防火墙。

命令格式：

```
iptables [t table] CMD [chain] [rule matcher] [-j target]
```

操作命令：

–A 或--append：在所选链的链尾加入一条或多条规则。

–D 或--delete：从所选链中删除一条或多条匹配的规则。

–L 或--list：列出指定链的所有规则，如果没有指定链，则列出所有链中的所有规则。

–F 或--flush：清除指定链和表中的所以规则，如果没有指定链，则将所有链都清空。

–P 或--policy：为永久链指定默认规则，即指定内置链策略。

–C 或--check：检查给定的包是否与指定链的规则相匹配。

–h：显示帮助信息。

规则匹配器：

–p, [!] protocol：指出要匹配的协议，可以是 tcp、udp、icmp 和 all。协议名前缀"!"为逻辑非，表示除去该协议之外的所有协议。

–s [!] address[/mask]：根据源地址或地址范围确定是否允许或拒绝数据包通过过滤器。

--sport [!] port [:port]：指定匹配规则的源端口或端口范围。可以用端口号，也可以用 /etc/services 文件中的名字。

–d [!] address[/mask]：根据目的地址或地址范围确定是否允许或拒绝数据包通过过滤器。

--dport [!] port [:port]：指定匹配规则的目的端口或端口范围。可以用端口号，也可以用 /etc/services 文件中的名字。

--icmp-type [!] typename：指定匹配规则的 ICMP 信息类型，可以使用 iptables –p icmp –h 查看有效的 icmp 类型名。

–i [!] interfacename [+]：匹配单独的接口或某种类型的接口设置过滤规则。此参数忽略时，默认符合所有接口。参数 interfacename 是接口名，如 eth0、eth1、ppp 等。指定一个目前不存在的接口是完全合法的。规则直到此接口工作时才起作用，这种指定对于 ppp 及其类似的连接是非常有用的。"＋"表示匹配所有此类接口，该选项只有对 INPUT、FORWARD 和 PREROUTING 链是合法的。

–o [!] interfacename [+]：指定匹配规则的对外网络接口，该选项只有对 OUTPUT、FORWARD 和 POSTROUTING 链是合法的。

（3）使用命令 *iptables –L – n --line-numbers* 列出防火墙上所有规则的同时，显示每个策略的行号，如图 13-19 所示。

图 13-19　查看带行号的规则

（4）使用命令 *netstat –tnl* 查看本机开启的端口，如图 13-20 所示，虽然有很多端口开启，但是配置了包过滤策略后，只有通过 22 端口的数据包才能通过。

图 13-20　查看本机开启的端口

（5）使用命令 *service iptables save* 将已经设置的规则进行保存，如图 13-21 所示，该命令将规则存在文件/etc/sysconfig/iptables 中，也可以使用命令 *iptables-save > /etc/sysconfig/iptables* 将规则追加到文件中，服务器在重新启动时，会自动加载 iptables 中的规则。

图 13-21　保存规则

3. 设置服务器允许 HTTP 协议通过，提供 Web 服务

（1）查看 HTTP 协议使用端口

客户端访问 Web 服务器时，使用的是 HTTP 协议，HTTP 协议使用的端口可以使用命令 *grep http /etc/services* 进行查看，如图 13-22 所示，可以看到 HTTP 协议使用的端口是 80，传输层协议使用的是 TCP 协议。

图 13-22 查看 HTTP 协议使用的端口

（2）配置规则

使用命令 *iptables –A INPUT –p tcp –d 192.168.14.2 --dport 80 –j ACCEPT* 配置 INPUT 链，使用命令 *iptables –A OUTPUT –p tcp –s 192.168.14.2--sport 80 –j ACCEPT* 配置 OUTPUT 链，如图 13-23 所示。

图 13-23   配置允许 HTTP 协议通过的规则

客户端使用 80 端口访问 Web 服务器，访问请求通过 INPUT 链进入服务器，目的地址是本机地址 192.168.14.2，可以省略，目的端口是 80，当 Web 服务器的应答返回给客户端时，通过 OUPPUT 链出去，同样使用 80 端口，源地址是 Web 服务器，可以省略。

（3）使用命令 *iptables -L -n --line-numbers* 列出防火墙上所有规则的同时，显示每个策略的行号，如图 13-24 所示。

图 13-24   查看带行号的规则

（4）使用命令 *netstat –tnl* 查看本机开启的端口，如图 13-25 所示，虽然有很多端口开启，但是配置了包过滤策略后，只有通过 80 端口的数据包才能通过。

（5）使用命令 *service iptables save* 将已经设置的规则进行保存，如图 13-26 所示，该命令将规则存在文件/etc/sysconfig/iptables 中，也可以使用命令 *iptables-save > /etc/sysconfig/iptables* 将规则追加到文件中，服务器在重新启动时，会自动加载 iptables 中的规则。

图 13-25 查看本机开启的端口

图 13-26 保存规则

4. 设置 DNS 服务请求允许通过

现在只有 HTTP 协议可以通过服务器，但是客户端访问 Web 网站时，必须使用域名解析服务，所以一定要允许 DNS 服务通过服务器。

（1）使用命令 *grep domain /etc/services* 查看 DNS 服务端口，如图 13-27 所示，使用端口 53。

图 13-27 查看 DNS 服务使用的端口

（2）使用命令 *iptables –A OUTPUT –p udp --dport 53 –j ACCEPT* 配置 Web 服务器发出的域名解析请求允许通过，再使用命令 *iptables –A INPUT –p udp --sport 53 –j ACCEPT* 配置允许 DNS 服务器的应答通过 Web 服务器，如图 13-28 所示。

```
root@server:~
文件(F)  编辑(E)  查看(V)  搜索(S)  终端(T)  帮助(H)
[root@server ~]# iptables -A OUTPUT -p udp --dport 53 -j ACCEPT
[root@server ~]# iptables -A INPUT -p udp --sport 53 -j ACCEPT
[root@server ~]#
```

图 13-28 配置允许 DNS 客户机通过的规则

（3）使用命令 *iptables –L –n—line-numbers* 查看配置的策略，如图 13-29 所示，此时服务器上已经有两个规则，分别允许 80 端口和 53 端口的访问。

（4）如果 Web 服务器本身也是域名服务器，Web 服务器是作为 DNS 客户机配置的规则，只允许域名解析请求发出和接收来自 DNS 服务器的应答，如果 Web 服务器本身也是域名服务器，需要设置规则允许接收来自 DNS 客户端的请求和允许返回客户端的应答规则，分别使用命令，*iptables –A INPUT –p udp --dport 53 –j ACCEPT* 和 *iptables –A OUTPUT –p udp --dport 53 –j ACCEPT* 如图 13-30 所示。

（5）使用命令 *iptables –L –n --line –numbers* 查看配置的策略，如图 13-31 所示。这说明如果一个主机既是客户机又是服务器，需要设置两个规则。

图 13-29　查看服务器规则

图 13-30　配置允许 DNS 服务器通过的规则

图 13-31　查看规则

5. 设置允许本地服务通过

使用命令 *netstat –tnl* 查看本机开启的服务，如图 13-32 所示。

图 13-32　查看本机服务

在图 13-32 中，发现有很多默认端口守候在 127.0.0.1 地址。如果本机客户端访问本机服务器时，也会被拒绝，如果本地回环地址不开启，会导致本机内部不能正常运行，打开服务不会造成不良影响，所以使用命令 *iptables -A INPUT –s 127.0.0.1 –d 127.0.0.1 –j ACCEPT* 和命令 *iptables -A OUTPUT –s 127.0.0.1 –d 127.0.0.1 –j ACCEPT* 允许本地回环地址通过，如图 13-33 所示。

图 13-33　允许本地回环地址通过

6. 优化服务器

至此，包过滤防火墙基本上已经配置完成，仔细分析这些策略，发现防火墙配置还不够严密，还有可能被利用的弱点。分析配置在 80 端口上的规则，客户端的请求通过 INPUT 链进入服务器，必须接收，没有问题，但是服务器经过 OUTPUT 链返回的应答就存在安全隐患，万一服务器产生漏洞，被病毒利用，从 80 端口主动发出一个请求，是否允许通过，按照规则是允许通过的。为了防止没有请求过的包从 80 端口出去，管理员需要为从服务器发出的包检查状态，检查发出的包是否是客户端请求的包，Linux 支持这样的匹配检查。

使用命令 *iptables –A OUTPUT –p tcp --sport 80 –m state --state ESTABLISHED –j ACCEPT* 为从服务器发出的包进行状态匹配，只有和本机建立过的连接才允许从 80 端口出去，如图 13-34 所示。

图 13-34　配置检查状态规则

使用命令 *iptables –L –n --list-numbers* 查看配置的策略，如图 13-35 所示。

```
[root@server ~]# iptables -L -n --line-numbers
Chain INPUT (policy DROP)
num  target     prot opt source               destination
1    ACCEPT     tcp  --  0.0.0.0/0            192.168.14.2         tcp dpt:22
2    ACCEPT     tcp  --  0.0.0.0/0            192.168.14.2         tcp dpt:80
3    ACCEPT     udp  --  0.0.0.0/0            0.0.0.0/0            udp spt:53
4    ACCEPT     udp  --  0.0.0.0/0            0.0.0.0/0            udp dpt:53
5    ACCEPT     all  --  127.0.0.1            127.0.0.1

Chain FORWARD (policy DROP)
num  target     prot opt source               destination

Chain OUTPUT (policy DROP)
num  target     prot opt source               destination
1    ACCEPT     tcp  --  192.168.14.2         0.0.0.0/0            tcp spt:22
2    ACCEPT     tcp  --  192.168.14.2         0.0.0.0/0            tcp spt:80
3    ACCEPT     udp  --  0.0.0.0/0            0.0.0.0/0            udp spt:53
4    ACCEPT     udp  --  0.0.0.0/0            0.0.0.0/0            udp dpt:53
5    ACCEPT     all  --  127.0.0.1            127.0.0.1
6    ACCEPT     tcp  --  0.0.0.0/0            0.0.0.0/0            tcp spt:80 state ESTABLISHED
[root@server ~]#
```

图 13-35　查看规则

使用命令 *iptables –D OUTPUT 2* 删除 OUTPUT 链中的第一条规则，并查看结果如图 13-36 所示。

图 13-36　删除规则

7. 使用配置文件配置防火墙

防火墙的配置除了使用命令 iptables，也可以使用配置文件进行操作，配置文件是 /etc/sysconfig/iptables，使用 Vi 编辑器打开，如图 13-37 所示，可以直接进行编辑。

图 13-37　防火墙的配置文件

13.3.3　使用 SSH 验证防火墙

在防火墙服务器设置完成后，利用客户端进行测试，以确保防火墙规则设置成功。为了验证防火墙规则，需要在设置之前和设置之后进行访问，分别使用 SSH 服务和 Telnet 服务进行验证。

1. SSH 概述

SSH 是一个在应用程序中提供安全通信的协议，通过 SSH 可以安全地访问服务器，因为 SSH 基于成熟的公钥加密体系，把所有传输的数据进行加密，保证数据在传输时不被恶意破坏、泄露和篡改。SSH 还使用了多种加密和认证方式，解决了传输中数据加密和身份认证的问题，能有效防止网络嗅探和 IP 欺骗等攻击。

目前 SSH 协议已经经历了 SSH 1 和 SSH 2 两个版本，它们使用了不同的协议来实现，二者互不兼容。SSH 2 不管在安全、功能上还是在性能上都比 SSH 1 有优势，所以目前广泛使用的是 SSH2。

2. 使用 putty 软件测试

从客户机 Windows 使用 SSH 服务远程登录到 Linux 服务器上，可以使用 putty 软件，该软件可以从互联网上下载。

（1）首先在 Linux 上使用命令 *service sshd restart* 开启 SSH 服务，再使用命令 *service sshd status* 查看服务器状态，如图 13-38 所示。

图 13-38　启动 SSH 服务

（2）在 Windows 上，打开 putty 软件，输入防火墙的 IP 地址 192.168.14.2，端口使用默认端口 22，协议选择 SSH，如图 13-39 所示。

图 13-39　使用 putty 软件远程登录

（3）在出现的提示中，按照要求在 login as 后输入用户名 root，再输入用户 root 的密码，如图 13-40 所示，即可成功登录到 Linux 服务器。

（4）改变防火墙默认策略为禁止所有数据包通过，使用命令 *iptables –P　INPUT DROP*、*iptables –P OUTPUT DROP*、*iptables –P FORWARD DROP* 后，断开 putty 连接，再次进行连接，出现如图 13-41 所示提示，不能登录。

图 13-40　输入用户名和密码　　　　　　　图 13-41　防护墙拒绝登录

（5）使用命令 *iptables –A INPUT –p tcp –d 192.168.14.2 --dport 22 –j ACCEPT* 配置 INPUT 链，使用命令 *iptables –A OUTPUT –p tcp –s 192.168.14.2--sport 22 –j ACCEPT* 配置 OUTPUT 链，允许 SSH 服务通过。

（6）再次使用 putty 登录，又能成功登录。

13.3.4 使用 Telnet 验证防火墙

Telnet 是进行远程登录的标准协议，它是当今 Internet 上应用最广泛的协议之一。它把用户正在使用的终端或计算机变成网络某一远程主机的仿真终端，使得用户可以方便地使用远程主机上的软硬件资源。

1. 安装 Telnet

（1）在"终端"中输入命令 *rpm –qa | grep telnet* 进行验证。如图 13-42 所示，说明系统已经安装 Telnet 服务器软件，但是没有安装客户端软件。Telnet 的服务器端软件是 telnet–server– 0.17-48.el6.i686.rpm。

图 13-42　查询 Telnet 安装包

（2）将安装光盘放入光驱后，使用命令 *mount /dev/cdrom /media* 进行挂载，然后使用命令 *cd /media/Packages* 进入目录，运行命令 *rpm –ivh telnet-server- 0.17-48.el6.i686.rpm* 即可开始安装程序。

如果客户端需要 Telnet 登录到 Linux 服务器上，还必须使用命令 *rpm –ivh telnet-0.17-48 .el6.i686.rpm* 安装客户端登录软件，如图 13-43 所示。

图 13-43　安装 Telnet 服务器

2. 启动 Telent 服务

Telnet 服务并不像其他服务（如 HTTP 和 FTP 等）一样作为独立的守护进程运行，它使用 xinetd 程序管理，这样不但能提高安全性，而且还能使用 xinetd 对 Telnet 服务器进行配置管理。

Telnet 服务安装后默认并不会被 xinetd 启用，还要修改文件/etc/xinetd.d/telnet 将其启用。其/etc/xinetd.d/telnet 文件是 xinetd 程序配置文件的一部分，可以通过它来配置 Telnet 服务器的运行参数。编辑文件/etc/xinetd.d/telnet，找到语句 disable = yes，将其改为 disable = no，然后使用命令/etc/init.d/xinetd restart 重新启动 xinetd 服务。

（1）使用 Vi 编辑器，打开文件/etc/xinetd.d/telnet，找到 disable = yes，将 yes 改为 no，如图 13-44 所示，启动 Telnet 服务。

（2）使用命令*/etc/init.d/xinetd restart* 或者 *service xinetd restart* 启动服务器，如图 13-45 所示。

图 13-44　修改/etc/xinetd.d/telnet 文件

图 13-45　启动服务

（3）利用图形化界面启动 Telnet 服务器

用户也可以利用图形化桌面进行 Telnet 服务器的启动与关闭。在图形界面下使用"服务"对话框进行 Telnet 服务器的启动与运行。依次单击"系统"|"管理"|"服务"，出现如图 13-46 所示对话框。

图 13-46　启用 named 服务对话框

选择 xinetd，利用"开始""停止"和"重启"按钮可以完成服务器的开始、停止以及重新启动。

（4）Telnet 服务所使用的默认端口是 23，使用命令 *netstat -na | grep 23* 查看端口状态，如图 13-47 所示，端口 23 已经处于监听状态。

3. Telnet **服务测试**

（1）在客户机上，打开"终端"，输入命令 *telnet 192.168.14.2*，提示输入远程登录用户名和密码，Linux 操作系统默认情况下只允许系统中的普通用户登录，不允许 Root 用户远程登录，输入普通用户 teluser 和密码，成功登录，如图 13-48 所示。

（2）改变防火墙默认策略为禁止所有数据包通过，使用命令 *iptables –P　INPUT DROP*、*iptables –P OUTPUT DROP*、*iptables –P FORWARD DROP* 后，使用命令 telnet 192.168.14.2 再次进行连接，出现如图 13-49 所示提示，登录失败。

图 13-47　查看开启 Telnet 服务

```
teluser@client:~                                    _ □ ×
文件(F)  编辑(E)  查看(V)  搜索(S)  终端(T)  帮助(H)
[root@client ~]# telnet 192.168.14.2
Trying 192.168.14.2...
Connected to 192.168.14.2.
Escape character is '^]'.
Red Hat Enterprise Linux Server release 6.7 (Santiago)
Kernel 2.6.32-573.el6.i686 on an i686
login: teluser
Password:
Last login: Thu Oct 15 08:41:11 from 192.168.14.2
[teluser@client ~]$ ▯
```

图 13-48　Telnet 成功登录

```
root@server:~                                       _ □ ×
文件(F)  编辑(E)  查看(V)  搜索(S)  终端(T)  帮助(H)
[root@client ~]# telnet 192.168.14.2
Trying 192.168.14.2...
telnet: connect to address 192.168.14.2: Connection timed out
[root@client ~]# ▯
```

图 13-49　Telnet 登录失败

（3）使用命令 *iptables –A INPUT –p tcp –d 192.168.14.2 --dport 23 –j ACCEPT* 配置 INPUT 链，使用命令 *iptables –A OUTPUT –p tcp –s 192.168.14.2 --sport 23 –j ACCEPT* 配置 OUTPUT 链，允许 Telnet 服务通过，如图 13-50 所示。

```
root@server:~                                       _ □ ×
文件(F)  编辑(E)  查看(V)  搜索(S)  终端(T)  帮助(H)
[root@server ~]# iptables -A INPUT -p tcp -d 192.168.14.2 --dport 23 -j ACCEPT
[root@server ~]# iptables -A OUTPUT -p tcp -s 192.168.14.2 --sport 23 -j ACCEPT
[root@server ~]# ▯
```

图 13-50　配置允许 Telnet 协议通过的规则

（4）再次使用 Telnet 登录，又能成功登录。

13.4　项目总结

本项目学习了 Iptables 服务器的建立与管理，Iptables 服务器主要通过命令 iptables 进行配置，也可以通过配置文件/etc/sysconfig/iptables 进行配置，要求能够安装服务，根据网络需求进行各种服务器过滤，并能在客户端进行验证。

13.5　项目实训

1. 实训目的
（1）掌握 Iptables 服务器的基本知识。
（2）能够配置 Iptables 服务器，允许服务器运行 SSH 登录、提供 Web 服务和 FTP 服务。
（3）能够进行客户端进行验证。

2. 实训环境
（1）Linux 服务器。
（2）Windows 客户机。

3. 实训内容
（1）规划 Iptables 服务器，并画出网络拓扑图。
（2）配置 Iptables 服务器。
（3）在客户端使用 Putty 软件和 Telnet 协议进行验证。
（4）设置 Iptables 服务器自动运行。

4. 实训要求
实训分组进行，可以 2 人一组，小组讨论，确定方案后进行讲解；教师给予指导，全体学生参与评价。方案实施过程中，一台计算机作为 Iptables 服务器，另一台计算机作为客户机，要轮流进行角色转换。

5. 实训总结
完成实训报告，总结项目实施中出现的问题。

13.6　项目练习

一、选择题

1. 查看防火墙默认策略的命令是（　　　）。
　　A. iptables –L　　　　B. iptables –l　　　　C. iptables –L –n　　　　D. iptables save
2. Iptables 服务器配置完成时，增加一条规则使用的参数是（　　　）。
　　A. A　　　　　　　　B. -D　　　　　　　　C. -P　　　　　　　　　D. -F
3. Iptables 服务器的主配置文件是（　　　）。
　　A. /etc/sysconfig/iptables　　　　　　　B. /etc/sysconfig/iptables.conf
　　C. /etc/iptables　　　　　　　　　　　　D. /etc/sysconfig/iptables.conf

二、填空题

1. 防火墙的种类包括_____、_____和_____三种。
2. 重启 Iptables 服务器使用命令_____。
3. Netfilter/iptables IP 信息包过滤系统被称为单个实体，它由两个组件_____和_____组成。
4. 设置 Iptables 服务开机自动运行的命令是_____。

NAT（Network Address Translation，网络地址转换）是解决内网用户访问互联网常用的方式，它位于使用专用地址 Intranet 和使用公网地址 Internet 之间，主要功能包括从 Intranet 传出的数据包由 NAT 将它们的专用地址转换为公用地址、从 Internet 传入的数据包由 NAT 将它们的公用地址转换为专用地址、支持多重服务器和负载均衡、实现透明代理。

14.1　项目描述

某公司网络管理员要以 Linux 网络操作系统为平台，配置 NAT，实现公司不同网络之间互访，公司网络拓扑如图 14-1 所示：

	网关
10.0.0.20	eth0：10.0.0.254
	eth1：192.168.14.254

192.168.14.20

图 14-1　公司局域网

为了完成该项目，需要首先完成 iptables 安装，在项目 13 中已经完成了安装，并且将默认规则设置为所有数据包不能通过，设置了在端口 80 和 53 的 INPUT 和 OUTPUT 规则，本项目要继续使用 iptbales 进行 NAT 设置，配置 SNAT，实现 10.0.0.0 和 192.168.14.0 两个网络之间能够互相访问，配置 DNAT，保护 Web 服务器 192.168.14.5，使客户端访问 Web 服务器时隐藏实际地址。

14.2　相关知识

14.2.1　NAT 原理

NAT 主要是用来简化和保存 IP 地址，它可让原来无法连接互联网但是可以使用内部私有地址的主机成功接入互联网，私有地址有 10.0.0.0/8、172.16.0.0/12 和 192.168.0.0/16，这些地址可以在局域网中重复使用，大大减少 IP 地址的需求，因为整个网络都可以凭借 NAT 上的一个外网 IP 地址接入互联网，NAT 的工作原理如图 14-2 所示。

外网 IP　　　内网 IP

图 14-2　NAT 工作原理

NAT 是通过修改数据包的源 IP 地址、目的 IP 地址、源端口和目的端口来实现的。

14.2.2　NAT 的优点

（1）减少 IP 地址使用量。在使用 NAT 以后，互联网上的主机会误以为它正在与 NAT 服务器进行通信，因为它并不知道在 NAT 主机后包含一个局域网。于是，回传的数据包会直接发送到 NAT 服务器上，然后 NAT 服务器再将这个数据包头文件目的地址的 IP 地址更改为局域网中真正发出信息的计算机。

（2）可在 NAT 服务器上的外部 IP 上建立多个"IP 映射"，当收到传给那些 IP 映射的请求时，NAT 可以把这些请求转送给内部网络中提供服务的服务器。

（3）负载平衡。将同一个 IP 映射请求分别导向到其他运行相同服务的服务器，可减少单一服务器的工作量。

14.2.3　NAT 的分类

NAT 分为两种不同的类型：

（1）源 NAT（Source NAT，SNAT）。SNAT 是指修改第一个包的源地址，即改变连接的来源地。SNAT 会在包送出之前的最后一刻做好 Post-Routing 动作。Linux 操作系统的伪装（Masquerading）非常出名。它是 SNAT 的一种特殊形式。

（2）目的 NAT（Destination NAT，DNAT）。DNAT 是指修改第一个包的目的地址，即改变连接的目的地。DNAT 总是在包进入之后立刻进行 Pre-Routing 动作。端口转发、负载均衡和透明代理都属于 DNAT。

14.2.4　Linux 内核的 Netfilter 架构

在 13.3 节中，介绍了 filter 表中有 INPUT 链、OUTPUT 链和 FORWARD 链。在 Netfilter/iptables 系统的内核空间中共有三个默认的表，每个表中可用的链如表 14-1 所示。

表 14-1　Netfilter/iptables 内核空间默认的表和链

表　名	链　名	可使用的目标动作	描　述
filter	INPUT OUTPUT FORWARD	ACCEPT DROP REJECT LOG TOS	包过滤

表　　名	链　　名	可使用的目标动作	描　　述
nat	PREROUTING OUTPUT POSTROUTING	SNAT MASQUERADE DNAT REDIRECT	IP NAT 和 IP 伪装
mangle	PREROUTING POSTROUTING INPUT OUTPUT FORWARD	TTL TOS MARK	允许通过改变包的内容进一步"矫正"包

本任务重点使用表 nat，mangle 表不经常使用，目前还在开发中。

14.2.5　NAT 的工作原理

NAT 的工作过程是：

（1）用户使用 iptables 命令在用户空间设置 NAT 规则，这些规则存储在内核空间的 NAT 表中。这些规则具有目标，它们告诉内核对特定的信息包做些什么。

根据规则所处理的信息包的类型，可以将规则分组在以下三个链中：

① 要做 SNAT 的信息把被添加到 POSTROUTING 链中。

② 要做 DNAT 的信息把被添加到 PREROUTING 链中。

③ 直接从本地出站的信息包的规则被添加到 OUTPUT 链中。

POSTROUTING 链、PREROUTING 链和 OUTPUT 链是系统默认的 nat 表中的三个默认主链。

（2）内核空间接管 NAT 工作。当规则建立并将链放在 NAT 表之后，就可以可是进行真正的信息包过滤工作了，这时内核空间从用户空间接管工作。

Netfilter/iptables 系统实现 NAT 流程如图 14-3 所示。

图 14-3　数据包过滤过程

NAT 工作要经过如下步骤：

① DNAT。若包是被送往 PREROUTING 链的，并且匹配了规则，则执行 DNAT 或 REDIRECT 目标。为了使用数据包得到正确路由，必须在路由之间进行 DNAT。

② 路由。内核检查数据包的头信息，尤其是数据包的目的地。

③ 处理本进程产生的包。对 net 表 OUTPUT 链中的规则实施规则检查，对匹配的包执行目标动作。

④ SNAT。若包是被送往 POSTROUTING 链的，并且匹配了规则，则执行 SNAT 或 MASQUERADE 目标。系统在决定了数据包的路由之后才执行该链中的规则。

14.3　项　目　实　施

14.3.1　配置 SNAT

使用 iptbales 进行 NAT 设置，配置 SNAT，实现 10.0.0.0 和 192.168.14.0 两个网络之间能够互相访问。

1. 配置 FORWARD 链

在项目 13 中配置了 INPUT 链和 OUTPUT 链，没有设置 FORWARD 链，FORWARD 链的配置方法和 INPUT 链、OUTPUT 链是一样的，不同的是经过 FORWARD 链的数据包不是发给本机，而是通过本地路由发送给别人的。只有在路由器上才需要设置 FORWARD 链，现在让网关承担路由器的功能，让局域网的数据包通过该网关进行接入互联网，使用命令 *iptables –A FORWARD –s 10.0.0.0/24 –j ACCEPT* 设置允许网段 10.0.0.0/24 网段的主机访问互联网的规则，再使用命令 *iptables –A FORWARD –d 10.0.0.0/24 –j ACCEPT* 设置允许互联网访问网段 10.0.0.0/24 的主机的规则，如图 14-4 所示。

图 14-4　设置网段 10.0.0.0 的主机访问互联网规则

使用同样的方法设置网段 192.168.14.0/24 的主机允许访问互联网，使用命令 *iptables –A FORWARD –s 192.168.14.0/24 –j ACCEPT* 设置允许网段 192.168.14.0/24 网段的主机访问互联网的规则，再使用命令 *iptables –A FORWARD –d 192.168.14.0/24 –j ACCEPT* 设置允许互联网访问网段 192.168.14.0/24 的主机的规则，如图 14-5 所示。

```
root@server:~                                              _ □ ×
文件(F)  编辑(E)  查看(V)  搜索 (S)  终端(T)  帮助(H)
[root@server ~]# iptables -A FORWARD -s 192.168.14.0/24 -j ACCEPT
[root@server ~]# iptables -A FORWARD -d 192.168.14.0/24 -j ACCEPT
[root@server ~]#
```

图 14-5　设置网段 192.168.14.0 的主机访问互联网规则

使用命令 *iptables -L -n* 进行查看，如图 14-6 所示。

FORWARD 链设置规则后，并不能生效，还需要打开内核中的转发文件，这个文件的存放位置是/proc/sys/net/ipv4/ip_forward，使用命令 *more /proc/sys/net/ipv4/ip_forward* 查看默认值，如图 14-7 所示，默认值是 0。

需要将默认值由 0 改成 1，表示打开转发功能，可以使用命令 *echo 1 > /proc/sys/net/ipv4/ip_forward* 进行修改，如图 14-8 所示。

图 14-6　查看规则

图 14-7　查看 ip_forward 的内容

图 14-8　修改 ip_forward 值

修改后，这个值是临时生效的，如果服务器重新启动后，这个值又变为 0。为了使这个值永久生效，使用 Vi 编辑器打开配置文件/etc/sysctl.conf，将 net.ipv4.ip_forward 值修改为 1，如图 14-9 所示，这样就永久性打开了内核的转发功能。

图 14-9　使用 Vi 修改 ip_forward 值

2. 配置 SNAT，实现网络互访

14.4.1 配置完成后，并不能实现局域网接入互联网，因为局域网中的地址是私有地址，不管是 10.0.0.0 还是 192.168.14.0，在互联网中都是无法识别的地址。要实现接入互联网功能，需要在网关上进行地址转换，使用的协议是 NAT。

（1）查看 nat 表中默认设置

使用命令 *iptables –t nat –L –n* 查看 iptables 系统中的 nat 表的内容，如图 14-10 所示。nat 表中默认有三条链，分别是 PREROUTING 链、POSTROUTING 链和 OUTPUT 链，三条链中都没有内容。

图 14-10　查看 nat 表的内容

（2）查看网关 IP 地址

使用命令 *ifconfig* 查看网关的 IP 地址，如图 14-11 所示，IP 地址分别为 10.0.0.1 和 192.168.14.254。

图 14-11　查看网关 IP 地址

（3）在网关上配置 SNAT

使用命令 *iptables –t nat –A POSTROUTING –s 10.0.0.0/24 -j SNAT --to-source 192.168.14.254* 向 nat 表中添加一个规则，如图 14-12 所示。

图 14-12　向 nat 表中添加规则

该规则表示的含义是向 nat 表中的 POSTROUTING 链中添加一个规则，如果数据包的源地址是 10.0.0.0/24 网段的，就使用源地址翻译把它跳转到 IP 地址 192.168.14.254。192.168.14.254 是网关服务器的一个 IP 地址，这样就能实现与 192.168.14.0 网段的通信了。

命令解释——iptables：

该命令使用的参数的含义是：

指定表使用参数 –t nat。

iptables 命令默认的表是 filter，在使用命令时不用指定 filter 表，要使用 nat 表，必须在命令中明确指出。

操作命令与 filter 表相同。

匹配源地址和目标地址：

① 使用--source 或--src 或-s 参数来匹配源地址。

② 使用--destination 或--dst 或-d 参数来匹配源地址。

匹配网络接口：

① 对于 PREROUTING 链，只能用参数-i 匹配进来的网络接口。

② 对于 POSTROUTING 链和 OUTPUT 链，只能用参数-o 匹配出去的网络接口。

匹配协议及端口：

可以通过-p 选项来匹配协议，如果是 UDP 或 TCP 协议，还可以用--sport 和--dport 选项来分别匹配源端口和目的端口。可以使用的端口可以查看系统中的/etc/services 文件。

动作目标。

对于 POSTROUTING 链可以使用下面的目标动作：

① -j SNAT --to-source/--to IP1 [IP2] :[port1 [port2]]

--to-source 或--to 选项用于指定一个或一个 IP 地址范围或一段可选的端口号。其中 IP1 – IP2 是一个 IP 地址地址范围，port1 – port2 是一个端口范围。如果指定了 IP 地址的范围，那么主机会选择当前使用最少的那个 IP 地址，实现了负载均衡。如果指定了端口的范围，则进行端口映射。

此动作目标执行完毕，将数据包直接从网络接口送出。

② -j MASQUERADE

MASQUERADE 目标用于实现 Linux 操作系统中非常出名的 IP 伪装，该目标是 SNAT 的特殊应用。

对于 PREROUTING 链可以使用下面的目标动作：

① -j DNAT --to-destination/--to IP1 [IP2] :[port1 [port2]]

该参数与 SNAT 一致，但是端口范围并不常用。

此动作目标执行完毕，将继续 INPUT 链或 FORWARD 链的规则检查。

② -j REDIRECT --to-port port-number

REDIRECT 目标相当于对进入接口进行 DNAT 的一种简单方便的形式。该目标将数据包重定向到 IP 地址为进入系统时的网络接口的 IP 地址，目的端口改写为指定的目的端口（port-number）。进行完此目标动作后，将不再对比其他规则，直接跳往 POSTROUTING 链。

这一功能用于透明代理。

（4）查看配置的规则

使用命令 iptables –t nat –L –n 查看配置的规则，如图 14-13 所示。

从图 14-13 中，可以看到管理员只设置了 10.0.0.0 网段的地址翻译成 192.168.14.254 地址，那么当 192.168.14.0 网段访问 10.0.0.0 网段时是否可以呢？答案是肯定的，NAT 网关具有地址还原功能，当收到来自 192.168.14.0 网段的数据包时，会自动转发给 10.0.0.0 网段的主机，双向都可以工作。

图 14-13　查看 nat 的规则

（5）保存配置的规则

使用命令 *service iptables save* 保存配置的规则，如图 14-14 所示。

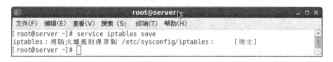

图 14-14　保存规则

14.3.2　在客户端进行验证

1. 客户机 IP 设置

客户端的 IP 地址是 192.168.14.88，网关设置为 192.168.14.254，如图 14-15 所示。

图 14-15　查看客户机 IP 地址

在客户机的"命令提示符"下输入命令 *ping 10.0.0.1*，如果网络已经连通，并且将 ttl 值减 1，由默认的 64 变成 63，则说明网关服务器已经正常工作，完成了地址转换，

2. 配置拨号网关

在本项目中，NAT 是在局域网中实现的，即将所有的 10.0.0.0 网段的地址都翻译成了 192.168.14.1，但是如果要接入互联网，拨号外网的地址是动态分配的，是不确定的，所以设置拨号网关，带动局域网接入互联网要使用命令 *iptables -t nat -A POSTROUTING -s 10.0.0.0/24 -j MASQUERADE*，如图 14-16 所示。

图 14-16　设置拨号网关

参数 MASQUEADE 表示伪装，把整个局域网地址伪装成一个互联网地址。MASQUEADE 目标支持动态的地址翻译，随着网关的地址变化而变化，不需要指定 SNAT 的 source 地址。

使用命令 *iptables -t nat –L –n* 查看规则，如图 14-17 所示。

图 14-17　查看拨号网关规则

如果要删除规则，则使用命令 *iptables –t nat –F*。

14.3.3　配置 DNAT，隐藏 Web 服务器

IP 地址 192.168.14.5 是一个实际提供 Web 服务的服务器，为了保护其安全，要隐藏 IP 地址，使访问 Web 服务的客户机看到的是网关的 IP 地址 10.0.0.1，网关将收到的数据包经过 DNAT 转换后经由 FORWARD 链转发给 Web 服务器 192.168.14.5。

使用命令 *iptables -t nat -A PREROUTING -d 10.0.0.1/24 -p tcp --dport 80 -j DNAT --to-destination 192.168.14.5*，如图 14-18 所示。

图 14-18　配置 DNAT 规则

使用命令 *iptables -t nat –L –n* 查看规则，如图 14-19 所示。

图 14-19　查看 DNAT 规则

14.4　项 目 总 结

本项目学习了 NAT 技术实现内网和外网的通信，要掌握 SNAT 和 DNAT 的配置方法，实现内网之间通信和隐藏 Web 服务器，增强系统安全性。

14.5　项　目　实　训

1. 实训目的

（1）掌握 NAT 的基本知识。

（2）能够配置 SNAT 和 DNAT。

（3）能够进行客户端验证。

2. 实训环境

（1）Linux 服务器作为网关。

（2）Linux 客户机或 Windows 客户机。

3. 实训内容

（1）规划网关服务器需要转换的局域网地址和需要保护的 Web 服务器地址，并画出网络拓扑图。

（2）配置 SNAT 服务器。

（3）配置 DNAT 服务器。

（4）在客户端进行验证。

4. 实训要求

实训分组进行，可以 2 人一组，小组讨论，确定方案后进行讲解；教师给予指导，全体学生参与评价。方案实施过程中，一台计算机作为网关服务器，另两台计算机作为客户机，要轮流进行角色转换。

5. 实训总结

完成实训报告，总结项目实施中出现的问题。

14.6　项　目　练　习

一、选择题

1. 在 Linux 2.4 以后的内核中，提供 TCP/IP 包过滤功能的软件是（　　　）。

    A. ARP   B. route   C. iptables   D. filter

2. NAT 配置完成后，（　　　）命令可以查看 NAT 表。

    A. iptables –t nat –L –n   B. iptables　–L –n

    C. service iptables start   D. service iptables restart

二、填空题

1. NAT 的英文全称是＿＿＿＿＿＿＿，即＿＿＿＿＿＿＿，是解决内网用户访问互联网常用的方式。

2. 保存 NAT 操作使用命令＿＿＿＿＿＿＿。

3. NAT 是通过修改数据包的源 IP 地址、＿＿＿＿＿＿＿、＿＿＿＿＿＿＿和目的端口来实现的。

4. NAT 主要功能包括从 Intranet 传出的数据包由 NAT 将它们的专用地址转换为公用地址、＿＿＿＿＿＿＿、＿＿＿＿＿＿＿和＿＿＿＿＿＿＿。

5. NAT 分为两种不同的类型，分别是＿＿＿＿＿＿＿和＿＿＿＿＿＿＿。

6. 在 Netfilter/iptables 系统的内核空间中共有三个默认的表，分别是＿＿＿＿＿＿＿、＿＿＿＿＿＿＿和 mangle。

参 考 文 献

[1] 杨云，王秀梅，孙凤杰. Linux 网络操作系统及应用教程：项目式[M]. 北京：人民邮电出版社，2013.

[2] 芮坤坤，李晨光. Linux 服务管理与应用[M]. 大连：东软电子出版社，2013.

[3] 孙丽娜，孔令宏，杨云. Linux 网络操作系统与实训[M]. 北京：中国铁道出版社，2014.

[4] 周志敏. Linux 操作系统应用技术[M]. 北京：电子工业出版社，2013.

[5] 姜大庆，周建，邓荣. Linux 系统与网络管理[M]. 3 版. 北京：中国铁道出版社，2015.

[6] 丛佩丽. Linux 网络服务器配置管理[M]. 北京：中国劳动社会保障出版社，2010.

[7] 丛佩丽. 网络操作系统管理与应用[M]. 北京：中国铁道出版社，2012.